SY/T 7351—2016
《油气田工程安全仪表系统设计规范》
详解与应用指南

田京山　主编

中国石化出版社

内 容 提 要

本书对SY/T 7351—2016《油气田工程安全仪表系统设计规范》正文部分逐条进行了详解，主要内容包括总则、术语及缩略语、系统设计原则、系统组成与功能、检测元件、执行元件、逻辑控制单元、人机接口及外设、应用软件、工程设计、工程实施与维护等。为便于读者学习，本书在最后还附有安全技术要求规格书(SRS)和安全仪表系统逻辑控制器(SIS PLC)技术规格书。

本书可供从事油气田工程中安全仪表系统的设计、集成、调试和施工的技术人员使用，主要包括油气田设计院相关人员、油气田业主及审查部门相关人员、安全仪表系统集成商和制造商等。同时，本书也可供高等院校相关专业师生参考。

图书在版编目(CIP)数据

SY/T 7351—2016《油气田工程安全仪表系统设计规范》详解与应用指南 / 田京山主编．—北京：中国石化出版社，2020.11
ISBN 978-7-5114-6021-9

Ⅰ．①S… Ⅱ．①田… Ⅲ．①油气田-安全仪表-系统设计-设计规范-中国-指南 Ⅳ．①TE967-62

中国版本图书馆CIP数据核字(2020)第201378号

中国石化出版社出版发行
地址：北京市东城区安定门外大街58号
邮编：100011 电话：(010)57512500
发行部电话：(010)57512575
http://www.sinopec-press.com
E-mail：press@sinopec.com
北京科信印刷有限公司印刷
全国各地新华书店经销
*
787×1092毫米 16开本 10印张 219千字
2020年11月第1版 2020年11月第1次印刷
定价：58.00元

前言 PREFACE

安全仪表系统的概念最早提出于20世纪90年代，随着安全意识和安全要求的逐步提高，安全仪表系统的应用，尤其是在油气田、管道和炼化工程中的应用越来越广泛。系统大规模应用需要以标准规范为基础，国际电工委员会标准IEC 61508—2010《Functional safety of electrical/electronic/programmable electronic safety-related systems》(中文等同采用标准是GB/T 20438—2017《电气/电子/可编程电子安全相关系统的功能安全》)，是面向设备制造商和供应商的基础规范；IEC 61511—2016《Functional safety—Safety instrumented systems for the process industry sector》(中文等同采用IEC 61511—2003标准GB/T 21109—2007《过程工业领域安全仪表系统的功能安全》)，是过程控制领域安全仪表系统设计、集成和应用的国际通用规范。

我国炼化工程的安全仪表系统规范推出时间最早，2004年3月10日SH/T 3018—2003《石油化工安全仪表系统设计规范》发布，2013年2月7日重新编写后升为国标GB/T 50770—2013。紧接着发布行标的是管道工程领域，2013年11月28日发布了行标SY/T 6966—2013《输油气管道工程安全仪表系统设计规范》，使油气管道工程相关设计有规范可依。

随着我国国民经济的快速发展，石油天然气工业在国民经济中占有很重要的地位。油气田开发是典型的高风险、高投入和高收益行业，技术性能可靠、经济合理的安全仪表系统，已经成为油气田减少和避免过程危害的重要手段。但长期以来一直缺少相应的行业规范，直接导致了油气田安全仪表系统设置水平不一、功能不一、标准不一，安全仪表系统设置不合理，为油气田的安全稳定运行埋下隐患，也不利于系统的日常维护和管理。SY/T 7351—2016《油气田工程安全仪表系统设计规范》就是在这一大背景下开始编制的，规范于2014年批准立项，2016年12月5日发布。

SY/T 7351—2016《油气田工程安全仪表系统设计规范》由中石化石油工程设计有限公司主编，大庆油田工程有限公司和中国石油化工股份有限公司青岛安全工程研究院参编，其中正文部分由主编单位编写，中国石油化工股份有限公司青岛安全工程研究院编写了附录A“安全仪表系统SIL评估过程”，大庆油田工程有限公司编写了附录B“油气田典型站场安全仪表功能”。该规范是汇集十多位专家的集体智慧编制而成，专家来自国内两家油气田上游最大的设计院和石油化工工程安全研究的权威研究院，并由油气田和管道10多家设计院及大庆、普光等20多位专家审查通过。

本规范编制时间较晚，是在充分吸收 GB/T 50770 和 SY/T 6966 基础上，遵从 IEC 61508 及 IEC 61511 标准，充分吸收工程实践经验后编制完成的，规范特点如下：

- 允许 ESD 功能的安全仪表回路采用非励磁设计，并给出设计注意事项；
- 根据 IEC 61508，安全仪表功能应满足失效概率、硬件结构约束、系统失效避免及控制、软件等四大方面要求，避免了仅强调满足失效概率要求的片面性；
- 除对 SIS 系统进行规范外，还对工程设计、实施和维护提出具体要求；
- 给出 SIL 定级、验证的具体过程和做法；
- 给出了油气田典型安全仪表功能回路的最低安全完整性等级要求，方便设计参照执行。

本书正文部分每条由三部分组成，分别是原文、条文说明和条文解释，编写格式举例如下：

3.1.1　安全仪表系统应根据已确定的安全技术要求进行设计。

条文说明：安全技术要求详见 10.1.3。

条文解释：安全技术要求一般以安全技术要求规格书(SRS－Safety requirements specification)的形式出现，SRS 是 SIS 系统设计的基础和输入文件，也是 SIS 系统最终确认的依据，因此所有必须的信息都应该包括在内，形成一整套完整的文件。SRS 定义了每个安全仪表功能(SIF)回路的功能要求和安全完整性要求，应该由仪表专业会同工艺、安全、设备、电气等相关专业一起编制而成。

其中带条目号的“**3.1.1　安全仪表系统应根据已确定的安全技术要求进行设计。**”是规范原文；“**条文说明**”是规范附录中对该条说明的原文摘抄，方便读者对应参考，由于规范编制规定的要求，规范正文只提要求不做解释，解释性的内容只能放在条文说明中，因此相互参照对读者更好地理解规范原文有莫大的好处；“**条文解释**”是本书重点内容，以主要编制人的视角，对正文做逐条详解，重点讲解编制依据和编写思路，对设计和工程应用进行扩展，指导规范的实施。此外国内安全仪表系统方面的规范和工程实践在概念上还有不少争论和不确定之处，本书通过与安全仪表系统基础规范 IEC 61508 和 IEC 61511 的对比，去伪存真，有较高的参考价值。

本书的顺利出版，首先应该感谢在规范编制过程中给予我诸多教导和帮助的同行专家及好友，他们是大庆油田工程有限公司张德发和程云海、青岛安全工程研究院李玉明、中石油管道院王怀义和聂中文；其次要感谢中国石化出版社及笔者工作单位领导、同事们的大力支持；最后还要感谢浙江中控和北京龙鼎源公司的大力协助，他们帮忙制作了大部分显示画面，提供了大量设备资料。

本书既是规范的解读，又是个人工作经验的总结。既然是个人经验，就难免有所偏颇、缺漏和错误，在此深表歉意，并诚恳欢迎批评指正。大家意见我会认真整理总结，希望为规范下次升版提供依据，再次感谢！

目 录 CONTENTS

图表清单

1 总　　则

1.0.1　为指导和规范油气田地面工程中安全仪表系统的设计，做到技术先进、经济合理、安全适用、保护环境，制定本规范。

条文说明：无。

条文解释：本条说明了制定 SY/T 7351—2016《油气田工程安全仪表系统设计规范》(以后全部简称“本规范”)的主要目的。

1.0.2　本规范适用于新建、扩建和改建的陆上油气田及海洋油气田陆上终端工程的安全仪表系统设计。

条文说明：本规范仅适用于陆上油田、气田、油气田内部集输及矿场储库工程，包括海洋油气田的陆上终端工程，本规范所说的矿场储库仅限于油气田集输系统中的油库、轻烃及液化石油气储库等；不含除此之外的大型储库，如储气库、储备油库、输油管道首站库区等。输油气管道工程安全仪表系统设计请参考现行行业标准 SY/T 6966《输油气管道工程安全仪表系统设计规范》。

条文解释：本条说明了规范的适用范围，仅适用于陆上油气田工程，海洋油田的陆上终端除了选址可能在海边外，其工艺和适用规范均与陆上油气田一致，因此本规范也适用。我国陆上油气田规范和海上油气田规范是由不同的标准专业委员会管理，陆上规范由石油工程建设专业标准化技术委员会负责日常管理，海上规范由海洋石油工程专业标准化技术委员会负责日常管理。陆上和海上规范适用范围不同，不能混用，但可以参照执行，即如果在某海洋项目中引用了本规范，则认为此具体项目认可本规范，可以按照本规范要求进行设计。

本条还界定了与另一紧密联系的规范 SY/T 6966《输油气管道工程安全仪表系统设计规范》之间的关系，由于管道是油气田生产的商品油和商品气的主要外输途径，油气田和管道之间一般以库区为分界，其中矿场储库一般由油田集输管理，经计量后交接给长输管道外输。而大型储库，如国家储备库、储气库、管道中间库区、炼油厂自建库区等，均不属于油气田工程范畴，所以本规范不适用于这些大型库区。另外长输管道的安全仪表系统设计由 SY/T 6966 进行规范。

图 1-1 和图 1-2 为库站实例图片。

安全仪表系统国际标准及油气行业相关标准关系图如图 1-3 所示。

其中 IEC 61508 是所有安全仪表系统的基础标准，主要针对制造商；IEC 61511 及等同采用的 ANSI/ISA-84.00.01～03 是过程工业控制领域安全仪表系统的基础标准；ISA S84.01—1996(其后续版本 ANSI/ISA-84.00.01)是 ISA 独立提出的，由海洋石油工程专业标准化技术委员会组织等同翻译为 SY/T 10045—2003《生产过程中安全仪表系统的应用》，该标准目前已作废。

SY/T 7351、SY/T 6966 和 GB/T 50770 是建立在这些基础标准之上的，是油气行业不同领域的专业规范，其中 SY/T 7351 适用于油气田工程，SY/T 6966 适用于输油气管道工程，

图 1-1　胜利油田海三联合站

图 1-2　东营原油库

SY/T 7351—2016
《油气田工程安全仪表系统设计规范》

SY/T 6966—2013
《输油气管道工程安全仪表系统设计规范》

GB/T 50770—2013
《石油化工安全仪表系统设计规范》

IEC 61511—2016 Functional safety—Safety instrumented systems for the process industry sector
GB/T 21109—2007《过程工业领域安全仪表系统的功能安全》
(等同采用IEC 61511—2003)
ANSI/ISA-84.00.01—2004
(等同采用IEC 61511—2003)

ISA S84.01—1996 Application of Safety Instrumented Systems for the Process Industries
SY/T 10045—2003《生产过程中安全仪表系统的应用》
(等同采用标准)

IEC 61508—2010 Functional safety of electrical/electronic/programmable electronic safety-Related systems
GB/T 20438—2017《电气/电子/可编程电子安全相关系统的功能安全》
(等同采用标准)

图 1-3　安全仪表系统国际标准及油气行业相关标准关系图

GB/T 50770适用于炼油化工工程。因此这三个规范是平行的，不存在谁在谁之上或谁包括谁的问题，且适用范围有区别，设计选用时请注意。

1.0.3 油气田工程安全仪表系统的设计除执行本规范外，尚应符合国家现行有关标准的规定。

条文说明：无。

条文解释：安全仪表系统引用的常用国内标准和规范见表1-1，安全仪表系统引用的常用其他国家和机构的标准和规范见表1-2。

表1-1 安全仪表系统引用的常用国内标准规范

标准/规范号	名 称
GB 3100	国际单位制及其应用
GB 17859	计算机信息系统安全保护等级划分准则
GB 18802.1	低压电涌保护器(SPD)第1部分：低压配电系统的电涌保护器 性能要求和试验方法
GB/T 18802.12	低压电涌保护器(SPD)第12部分：低压配电系统的电涌保护器 选择和使用导则
GB/T 18802.22	低压电涌保护器 第22部分：电信和信号网络的电涌保护器(SPD)选择和使用导则
GB 50093	自动化仪表工程施工及验收规范
GB/T 2887	计算机场地通用规范
GB/T 9361	计算站场地安全要求
GB/T 50892	油气田及管道工程仪表控制系统设计规范
GB/T 50823	油气田及管道工程计算机控制系统设计规范
GB/T 15969	可编程序逻辑控制器
GB/T 21109	过程工业领域安全仪表系统的功能安全
GB/T 20438—2017	电气/电子/可编程电子安全相关系统的功能安全

表1-2 安全仪表系统引用的常用其他国家和机构的标准和规范

标准/规范号	名 称
API RP 550	Manual on Installation of Refinery Instruments and Control Systems
API RP 552	Transmission Systems
API RP 554	Process Instrumentation and Control
API 1119	API Recommended Practice for Operator Training
EN 50178	Electronic Equipment for use in Power Installations
EN 61000	Electromagnetic Compatibility(EMC)
IEC 60079	Electrical apparatus for explosive gas atmospheres
IEC 60529	Degrees of Protection Provided by Enclosures(IP Code)
IEC 60801	Electromagnetic Compatibility for Industrial Process Measurement and Control Equipment
IEC 60870-5-104	Telecontrol equipment and systems-Part 5-104：Transmission protocols-Network access for IEC 60870-5-101 using standard transport profiles
IEC 61010	Safety Requirements For Electrical Equipment For Measurement，Control And Laboratory Use
IEC 61131	Programming Industrial Automation Systems

续表

标准/规范号	名　称
IEC 61508	Functional safety of electrical/electronic/programmable electronic safety-related systems
IEC 61511	Functional Safety：Safety Instrumented Systems for Process Industry Sector
ANSI/ISA-5. 1	Instrumentation Symbols and Identification
ANSI/ISA-S5. 2	Binary Logic Diagrams For Process Operations
ISA-5. 3	Graphic Symbols For Distributed Control/Shared Display Instrumentation，Logic And Computer Systems
ANSI/ISA-S5. 4	Instrument Loop Diagrams
ISA-S5. 5	Graphic Symbols For Process Displays
ISA-18. 1	Annunciator Sequences And Specifications
ANSI/ISA-50. 00. 01	Compatibility of Analog Signals for Electronic Industrial Process Instruments
ISA-RP55. 1	Hardware Testing of Digital Process Computers
ISA-RP60. 1	Control Centre Facilities
ANSI/ISA-71. 04	Environmental Conditions for Process Measurement and Control Systems：Airborne Contaminants
Modbus Protocol	Modicon Inc.
NFPA 70	National Electric Code(NEC)
NFPA 72	National Fire Alarm Code
NFPA72A	Standard for Installation，Maintenance and Use of Local Protective Signaling Systems

2 术语及缩略语

2.1 术语

2.1.1 监控和数据采集系统 supervisory control and data acquisition system

一种以多个远程终端监控单元通过有线或无线网络连接起来，具有远程监测控制功能的分布式计算机控制系统。

条文说明：无。

条文解释：出自 GB/T 50823—2013《油气田及管道工程计算机控制系统设计规范》2.1.7，也称作“监控及数据采集系统”。

2.1.2 基本过程控制系统 basic process control system

不执行任何 SIL≥1 以上的安全仪表功能，响应过程测量以及其他相关设备、其他仪表、控制系统或操作员的输入信号，按过程控制规律、算法、方式，产生输出信号实现过程控制及其相关设备运行的系统。

条文说明：无。

条文解释：与 GB/T 50823—2013 第 2.1.2 条相同，来源于 IEC 61511-1—2003 第 3.2.3 条，也常被称为过程控制系统 process control system（PCS）：

*System which responds to input signals from the process, its associated equipment, other programmable systems and/or an operator and generates output signals causing the process and its associated equipment to operate in the desired manner but which **does not perform any safety instrumented functions with a claimed SIL≥1**。*

IEC 61511-1—2011 版略有变化：

3.2.3

basic process control system

BPCS

*system which responds to input signals from the process, its associated equipment, other programmable systems and/or operators and generates output signals causing the process and its associated equipment to operate in the desired manner but which **does not perform any SIF**.*

Note 1 to entry: A BPCS includes all of the devices necessary to ensure that the process operates in the desired manner.

Note 2 to entry: A BPCS typically may implement various functions such as process control functions, monitoring, and alarms.

SIF 回路的最低 SIL 等级为 1，所以与 2003 版定义基本一致。

2.1.3 安全仪表系统 safety instrumented system

用来实现一个或多个安全仪表功能的仪表系统。

条文说明：广义的安全仪表系统包括过程工业中的紧急停车系统（ESD）、燃烧管理系统（BMS）、压缩机控制系统（CCS）、火气系统（FGS）、高完整性压力保护系统（HIPPS）等以安全保护和抑制减轻灾害为目的的自动化安全保护系统。本规范不包括燃烧管理系统（BMS）、压缩机控制系统（CCS）和火气系统（FGS）。

条文解释：出自 GB/T 50770—2013《石油化工安全仪表系统设计规范》第 2.1.1 条。

以下文字摘自张建国和李玉明译著的《安全仪表系统工程设计与应用（第二版）》（中国石化出版社出版）1.1 节，有助于大家了解“安全仪表系统”名称的由来：

在过程工业领域，常常听到安全联锁系统、安全仪表系统、安全停车系统、紧急停车系统、仪表保护系统等等，不同的公司有着不同的叫法。ISA SP84 委员会内部也一直讨论这些系统的术语。曾经考虑采用安全系统，但对不同的群体，有着不同的理解。对许多化学工程师来说，“安全系统”会视为管理规程和工程实践，而不是控制系统。现在常用的紧急停车系统（Emergency shutdown system-ESD），在电气工程师英文字典里，ESD 的意思是静电放电（Electro-static discharge）。许多人并不愿意把紧急（Emergency）一词放在系统的名称里，因为该词倾向于负面。另外一些人同样不喜欢“安全停车系统”。因为只要与“安全”一词出现关联，就会立即引人注意。

注：美国化学工程师学会化工过程安全中心（AIChE CCPS）1993 年出版的《化工过程安全自动化指南》一书中，采用了安全联锁系统（Safety Interlock System-SIS）这一术语。ISA SP84 委员会的一些成员认为，联锁仅代表了安全控制系统的众多类型中的一个。ISA 委员会决定采用安全仪表系统（Safety Instrumented System），很大程度上是为了与 AIChE 的 SIS 这一简称保持一致。AIChE CCPS 于 2001 年出版的《保护层分析》一书，也使用 SIS 这一缩略语，近年来更多地将 SIS 定义为“安全仪表系统”。

那么，安全仪表系统的定义是什么呢？ANSI/ISA-91.00.01—2001《过程工业紧急停车系统和关键安全控制辨识》标准中，紧急停车系统定义为：“用于将工艺过程或工艺特定设备置于安全状态的仪表和控制系统。不包括用于非紧急停车或常规操作的仪表和控制系统。紧急停车系统包括电气、电子、气动、机械及液动系统（也包括那些可编程的系统）”。换句话说，安全仪表系统用于对工厂的危险工艺状态作出响应。这些工艺状态本身是危险的，如果不采取动作，可能会造成危险事件的发生。安全仪表系统必须正确响应，以防止危险事件的发生或者减轻危险事件的后果。

国际上也用其他的方式来描述这些系统。国际电工委员会标准 IEC 61508《电气、电子、可编程电子安全相关系统的功能安全》，采用安全相关系统（Safety Related System）这一术语，缩略为 E/E/PES。如该标准的名称所示 E/E/PES 代表电气（Electric）、电子（Electronic）和可编程电子（Programmable electronic）。它意指继电器、固态逻辑以及基于软件的系统。

2.1.4 火气系统 fire gas and smoke detection and protection system

用于监控火灾和可燃气、有毒气泄漏并具备报警和消防、保护功能的安全控制系统。

条文说明：无。

条文解释：出自 GB/T 50823—2013 第 2.1.4 条。**火气系统是否可以与安全仪表系统合用控制器？**国内外做法有明显的不同，国外项目是允许的。工艺区的火灾和可燃气体检测往往需要自动触发关断，所以火气系统和安全仪表系统合用一套控制器，有助于系统的简洁和可靠，一般安全仪表系统的控制器也有 TÜV 和 NFPA 联合认证，可以用于火气系统。

国内在 GB 50116—2013《火灾自动报警系统设计规范》发布之前(即 98 版 GB 50116)，98 版适用范围仅限于建筑物内，油气田站场普遍是将工艺区的火气系统与安全仪表系统共用控制器。2013 版 GB 50116 将适用范围扩展到工艺装置区，报警控制器必须要取得国内消防产品合格评定中心颁发的 CCC 证书(原 CCCF 证书)，而取得 CCC 证书的安全仪表系统控制器(SIS PLC)非常少，所以目前国内两套系统已基本不共用控制器，如共用则必须同时取得 CCC 证书和 SIL 认证证书。相关要求可参照 GB/T 50823—2013 第 5.4 节[火气系统(FGS)]和第 A.3 节(油气田站场监控系统)。

2.1.5 危险与可操作性分析 hazard and operability study

通过使用“引导词”，由一个团队对设计文件中存在的潜在危险和偏差进行识别，对可能产生的原因和后果进行评估，并提出推荐改进措施的一种过程危害分析方法。

条文说明：定义源于 IEC 61882—2001《Hazard and operability studies Application Guide》中对 HAZOP 的解释：

4.1 Overview

A HAZOP study is a detailed hazard and operability problem identification process, carried out by a team. HAZOP deals with the identification of potential deviations from the design intent, examination of their possible causes and assessment of their consequences.

同时也参考了国家现行行业标准 SY/T 6966—2013《输油气管道安全仪表系统设计规范》第 2.1.11 条，如下：

危险与可操作性分析 hazard and operability study

在开展工艺危害分析工作中所运用到的，通过使用“引导词”分析工艺过程中偏离正常工况的各种情形，从而发现危害源和操作问题的一种系统性方法。

条文解释：危险与可操作分析最终的输出结果是要包含推荐的改进措施，这点 SY/T 6966 中并未提及，本规范中做了补充。

“危险与可操作性研究”分析方法是英国帝国化学工业公司(Imperial Chemical Industries Ltd.)1960 年代发展起来的一套以引导词(Guide Words)为主体的危害分析方法。由化学家 T. 克莱兹发明，1963 年首次在帝国蒙德化学公司(ICI)新建苯酚工厂应用，在内部研究和应用 10 年之后才在英国普及及推广。在 ICI 公司内部应用时并不叫 HAZOP，在经历的三个阶段中有不同的名称：

- 早期：关键审查(Critical Examination)；
- 中期：可操作性分析(Operability Analysis)；
- 后期：危险性分析(Hazard Analysis)。

直到 1983 年，T. 克莱兹在英国化学工程师协会(IChemE)培训课上首次命名为“HAZOP”(危险与可操作性分析)。

1977 年，英国化学工业协会(CIA)首次发布“可操作性研究和危险分析实施技术指南”，以后逐步演变成国际通用标准 IEC 61882，目前 IEC 61882—2016《Hazard and operability studies(HAZOP studies)-Application guide》是国际上使用 HAZOP 分析的主要依据。AQ/T 3049—2013《危险与可操作分析(HAZOP 分析)应用导则》，是 IEC 61882—2001 版的等同翻译版，也是我国进行危险与可操作性分析的主要依据规范。

2008年1月1日，国家安监总局发布了“危险化学品建设项目安全评价细则(试行)”，其中第6.4.2.2条“安全评价方法的确定”第2款要求：

对国内首次采用新技术、工艺的建设项目的工艺安全性分析，除选择其他安全评价方法外，尽可能选择危险和可操作性研究法进行。

《国家安全监管总局关于进一步加强危险化学品企业安全生产标准化工作的指导意见》安监总管三〔2009〕124号中要求：

有关中央企业总部要组织所属企业积极开展重点化工生产装置危险与可操作性分析(HAZOP)，全面查找和技术消除安全隐患，提高装置本质安全化水平。

目前在“两重点一重大”和重要站场设计中，往往在初步设计后或详细设计完成前进行危险与可操作分析。

危险与可操作性分析一般是以“**检查会议**”形式召开的，会议期间由评价**组长**引导一个多专业小组，系统地检查一个设计或系统中所有相关部分。它利用一套核心的**引导词**来识别对系统设计目的的偏离，用系统化的方式**激发**参与者的**想象力**以识别**危险与操作性问题**。危险与可操作性分析可看成是采用基于经验的方法来改进设计使之合理的一种分析方法。

在分析过程中，由各专业人员组成的分析组按规定的方式系统地研究每一个分析节点，分析偏离设计工艺条件的偏差所导致的危险和可操作性问题。分析组通过分析每个工艺单元或操作步骤，识别出那些具有潜在危险的偏差，这些偏差通过引导词引出，使用引导词的一个目的就是为了保证对所有工艺参数的偏差都进行分析。分析组对每个有意义的偏差都进行分析，并分析它们的可能原因和后果及可以采取的对策。

危险与可操作性分析可以确定每个危险事件的后果，根据危险程度一般分为四级，见表2-1。

表2-1 四级风险及应对措施表

风险等级	描述	需要的行动	PHA改进建议
Ⅳ级风险	严重风险 (绝对不能容忍)	必须通过工程和/或管理上的专门措施，限期(不超过六个月内)把风险降低到级别Ⅱ或以下	需要并制定专门的管理方案予以削减
Ⅲ级风险	高度风险 (难以容忍)	应当通过工程和/或管理上的控制措施，在一个具体的时间段(12个月)内，把风险降低到级别Ⅱ或以下	需要并制定专门的管理方案予以削减
Ⅱ级风险	中度风险 (在控制措施落实的条件下可以容忍)	具体依据成本情况采取措施。需要确认程序和控制措施已经落实，强调对它们的维护工作	个案评估，评估现有控制措施是否均有效
Ⅰ级风险	可以接受	不需要采取进一步措施降低风险	不需要，可适当考虑提高安全水平的机会

目前国内常用做法是根据危险与可操作性分析确定的风险，用保护层分析(LOPA)的方法确定每一个安全仪表功能回路的SIL等级，完成SIL分析和定级。

2.1.6 安全完整性 safety integrity

在规定的条件和时间内，安全仪表系统完成安全仪表功能的平均概率。

条文说明：无。

条文解释：出自 GB/T 50770—2013 第 2.1.11 条，详见本书第 3.2 节。

2.1.7 安全完整性等级 safety integrity level

用来规定分配给安全仪表系统的安全仪表功能的安全完整性要求的离散等级(四个等级中的一个)。SIL 4 是安全完整性的最高等级，SIL 1 为最低等级。

条文说明：无。

条文解释：与 SY/T 6966—2013 第 2.1.12 条一致，源于 IEC 61511-1—2016 第 3.2.69 条。具体如下：

safety integrity level

SIL

discrete level(one out of four)allocated to the SIF for specifying the safety integrity requirements to be achieved by the SIS.

Note 1 to entry: The higher the SIL, the lower the expected PFDavg the lower the average frequency of a dangerous failure causing a hazardous event.

Note 2 to entry: The relationship between the target failure measure and the SIL is specified in Tables 4 and 5.

Note 3 to entry: SIL 4 is related to the highest level of safety integrity; SIL 1 is related to the lowest.

Note 4 to entry: This definition differs from the definition in IEC 61508-4: 2010 to reflect differences in process sector terminology.

有些文件上会把“安全完整性等级”误写作“安全完整度”和“安全度”，如安全完整度为 SIL 2、安全度评估等，是不准确的，请不要用错或混淆。

油气田工程中一般最高的 SIL 等级为 3，如果有 SIL 4 回路需要通过工艺或其他手段进行降低。另外小于 SIL 1 的回路也存在，如：

- SIL 0：表示无特定安全要求，属于基本过程控制系统；
- SIL a：表示推荐功能安全，但无需验证功能安全的完整性，可并入基本过程控制系统，但建议按照功能安全的要求去管理。

2.1.8 功能安全 functional safety

与工艺过程和 BPCS 有关的整体安全的组成部分，它取决于 SIS 和其他保护层功能的正确执行。

条文说明：无。

条文解释：与 SY/T 6966—2013 第 2.1.26 条一致。

2.1.9 故障安全 fail safe

安全仪表系统发生故障时，将被控制过程转入预定的安全状态。

条文说明：无。

条文解释：本条的故障是包括设备故障、动力源故障(如失气、失电等)和信号故障(如控制电缆中断、控制模板故障等)。预定的安全状态有“关闭”“打开”和“保持”，需关断的设备，如紧急关断阀(SDV)、机泵(机泵控制柜)等，预定的安全状态一般为“关闭/关停”；需泄放的设备，如紧急泄放阀(BDV)是“打开”；在某些特殊场合“保持”或“加电关闭”也是允许的，如大型压缩机的远程停车，但此类回路必须经过严格评估，且有备用的关闭手段，如直接停电等也可关停压缩机，才可以实施。该条的详细解释请见本书第 3.1.3 条。

2.1.10　安全功能 safety function

为达到或保持过程的安全状态，由安全仪表系统、其他安全相关系统或外部风险降低措施实现的功能。

条文说明：无。

条文解释：与 GB/T 50770—2013 第 2.1.8 条一致。

2.1.11　安全仪表功能 safety instrumented function

为了防止、减少危险事件发生或保持过程安全状态，用测量仪表、逻辑控制器、最终元件及相关软件等实现的安全保护功能或安全控制功能。

条文说明：无。

条文解释：与 GB/T 50770—2013 第 2.1.9 条一致。

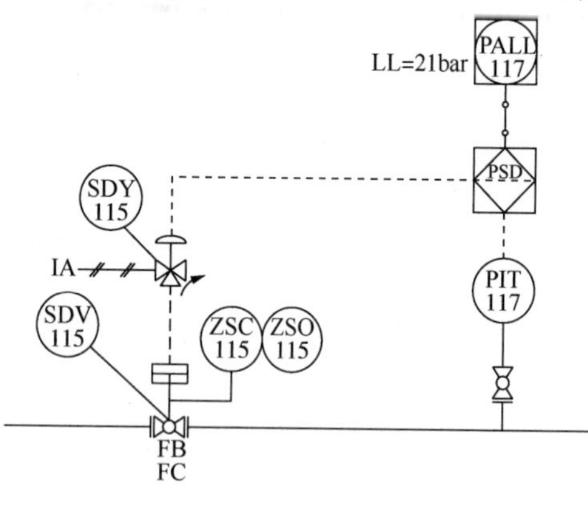

图 2-1　典型 SIF 回路 P&ID 图

安全仪表功能(SIF)是非常重要的一个概念，一套安全仪表系统是由一个或多个 SIF 回路组成的，SIL 评估、设计、实施都是针对 SIF 回路，多个 SIF 中最高的 SIL 等级是整个系统的 SIL 等级。

一个最简单的 SIF 回路由变送器(输入元件)、逻辑控制器和阀门(输出元件)组成，如图 2-1 所示。

这个 SIF 回路可以逻辑简化为四个元件，如图 2-2 所示。

可计算该 SIF 回路的失效概率见表 2-2。

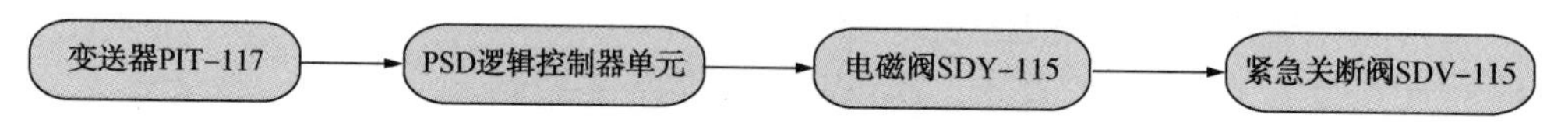

图 2-2　典型 SIF 回路逻辑简化图

表 2-2　典型 SIF 回路平均失效概率表

序号	元件名称	元件数量	平均失效概率
1	变送器(PIT)	1	1.3×10^{-3}
2	PSD 逻辑控制单元，包括 I/O	1	4.4×10^{-3}
3	电磁阀(SDY)	1	3.9×10^{-3}
4	紧急关断阀(SDV)	1	8.8×10^{-3}
5	SIF 回路平均失效概率		1.84×10^{-2}

从表 2-2 可以看出，该回路平均失效概率为 1.84×10^{-2}，根据本规范 3.2.4 的要求，平均失效概率在 $\geq10^{-2}\sim<10^{-1}$ 之间的安全完整性等级为 SIL 1，所以该 SIF 回路 SIL 等级为 1 级。

2.1.12　安全失效分数 safety failure fraction

安全失效和可检测到危险失效与硬件总随机失效的比率。

条文说明：“安全”的故障是指失效不会导致失去安全功能的故障。$SFF=50\%$，表示

50%的失效是“安全”的，这50%包括失效后结果是安全的和经自诊断测试可以检测的危险失效，可检测到的危险失效可按预设的程序进行安全处理，也是“安全”的；而其余的50%无法检测到，属于危险失效。安全失效分数的相关公式及解释如下：

$$SFF=\frac{\sum\lambda_{S}+\sum\lambda_{Dd}}{\sum\lambda_{S}+\sum\lambda_{Dd}+\sum\lambda_{Du}}$$

式中 SFF——安全失效分数；

λ_{S}——安全失效率；

λ_{Dd}——可检测的危险失效率；

λ_{Du}——无法检测的危险失效率。

条文解释：源于IEC 61508-4—2010第3.6.15条，由于油气田工程中安全仪表系统都工作在低要求模式下，因此上式中失效率均为平均失效率(省略avg)，即λ_{S}应为$\lambda_{S}avg$。以下是IEC 61508-4—2010第3.6.15条原文：

safe failure fraction

SFF

property of a safety related element that is defined by the ratio of the average failure rates of safe plus dangerous detected failures and safe plus dangerous failures. This ratio is represented by the following equation:

$$SFF=(\sum\lambda_{S}avg+\sum\lambda_{Dd}avg)/(\sum\lambda_{S}avg+\sum\lambda_{Dd}avg+\sum\lambda_{Du}avg)$$

when the failure rates are based on constant failure rates the equation can be simplified to:

$$SFF=(\sum\lambda_{S}+\sum\lambda_{Dd})/(\sum\lambda_{S}+\sum\lambda_{Dd}+\sum\lambda_{Du})$$

2.1.13 故障 fault

可能导致功能单元执行要求功能的能力降低或丧失的异常状况。

条文说明：无。

条文解释：与GB/T 50770—2013第2.1.10条一致。

2.1.14 危险 hazard

伤害的潜在根源。

条文说明：无。

条文解释：与SY/T 6966—2013第2.1.21条一致，源于IEC 61508-4—2010第3.1.2条。

hazard

potential source of harm

[ISO/IEC Guide 51：1999，definition 3.5]

NOTE The term includes danger to persons arising within a short time scale(for example，fire and explosion) and also those that have a long-term effect on a person's health (for example，release of a toxic substance).

2.1.15 风险 risk

出现伤害的概率及该伤害严重性的组合。

条文说明：无。

条文解释：与SY/T 6966—2013第2.1.22条一致，源于IEC 61508-4—2010第3.1.6条：

risk

combination of the probability of occurrence of harm and the severity of that harm

[ISO/IEC Guide 51：1999，definition 3.2]

NOTE For more discussion on this concept see Annex A of IEC 61508-5.

2.1.16 冗余 redundancy

采用二个或多个部件或系统执行同一个功能。

条文说明：无。

条文解释：与 SY/T 6966—2013 第 2.1.19 条一致，源于 IEC 61508-4—2010 第 3.4.6 条。冗余一般是两个相同配置的控制器、模板、仪表或阀门，执行同一功能。图 2-3 是典型的 SIS PLC 控制器双机架冗余结构。

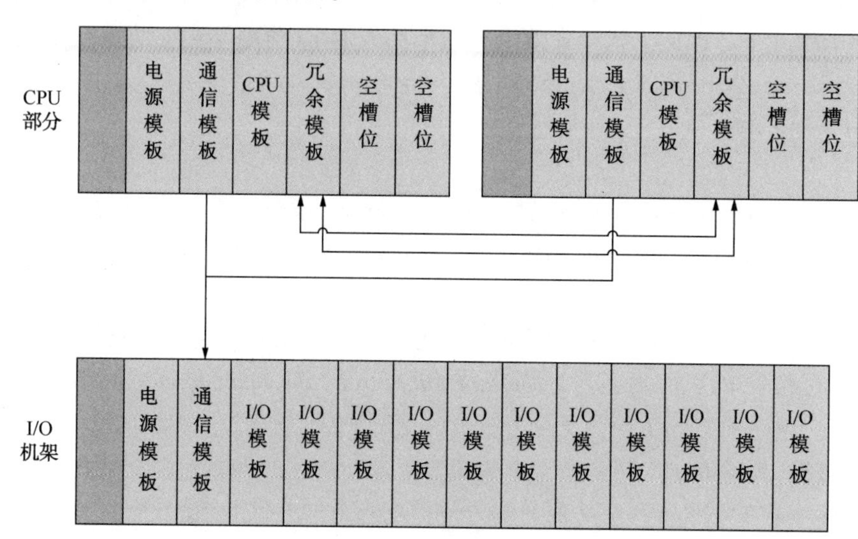

图 2-3 典型 SIS PLC 控制器双机架冗余示意图

该配置中 CPU 部分左右机架配置完全相同，为双机架冗余配置。冗余结构如果采用 1oo2 结构，即当一个部件失效则回到安全位置(如关断)时，是为了保证安全性，但是降低可用性；如采用 2oo2 结构，即两个部件同时失效才回到安全位置(如关断)时，是为了保证可用性，但会降低安全性。

另外除了两个部件的冗余，还有采用三个部件冗余(图 2-4)，搭成 2oo3 架构，这样既能兼顾安全性又可以兼顾可用性。

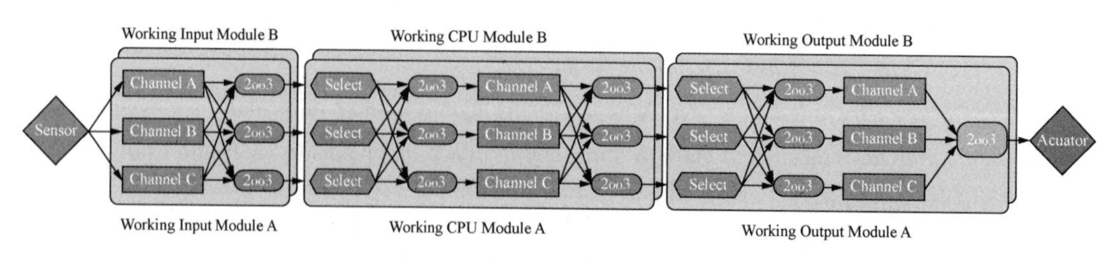

图 2-4 典型三冗余结构示意图

2.1.17 容错 fault tolerant

在出现故障或错误时，功能单元仍继续执行规定功能的能力。

条文说明：无。

条文解释：与 GB/T 50770—2013 第 2.1.22 条一致。

冗余的系统不一定是容错的，但容错的系统一定是存在冗余的。冗余方法在容错策略中被广泛用来探测、诊断并恢复系统运行时发生的错误。容错一般是硬件容错和软件容错的共同应用，典型的硬件容错如采用冗余部件、磁盘镜像等，典型的软件容错如采用无理值钳位、校验位等。

图 2-5 为 2oo4D 结构容错图，其中左右是完全相同的一对输出电路，每路都有串联的初级和次级晶体管，每个晶体管都通过测试脉冲和回读机制进行测试。在检测到首次危险故障后，比如左侧上部的初级晶体管出现故障，看门狗回路将自动隔离故障。电磁阀由并联的冗余输出(右侧)供电。如果右侧初级晶体管再出现问题，电磁阀的供电也不受影响。在就是典型的容错设计。

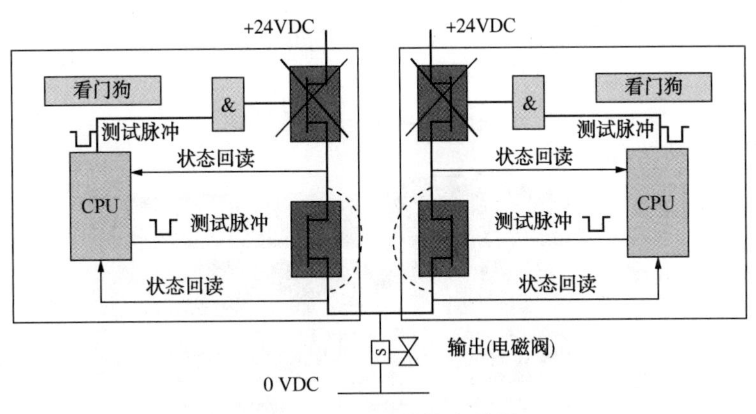

图 2-5　2oo4D 结构容错图

2.1.18　风险评估 risk assessment

估计风险大小以及确定风险容许程度的全过程。

条文说明：无。

条文解释：与 SY/T 6966—2013 第 2.1.23 条一致。

2.1.19　保护层 protection layer

借助控制、预防或减轻以降低风险的任何独立机制。

条文说明：无。

条文解释：与 SY/T 6966—2013 第 2.1.24 条一致。

油气田站场具有工艺复杂、压力容器集中、生产连续性强、高温高压、易燃易爆炸和火灾危险性高等特点，一般采用从控制系统到物理防护的多层防护手段，保证站场安全，这每一层防护手段一般叫一个保护层，典型防护层洋葱模型如图 2-6 所示。

各保护层功能如图 2-7 所示。

站场保护层分析称作 LOPA(*Layer of protection Analysis*)分析，LOPA 作为一种形式简便的风险评估方法，根据起始事件概率，后果严重性等级和独立保护层失效概率来评估某一事故场景的风险。LOPA 概念见图 2-8。LOPA 是一种半定量分析方法，在 LOPA 分析中一般不把火气系统作为独立的保护层，原因是：

(1) 火气系统不能够阻止事故的发生；

(2) 作为独立保护层，火气系统的有效性(检测时间)的精确计算和防护范围已经超过了半定量计算的范畴。

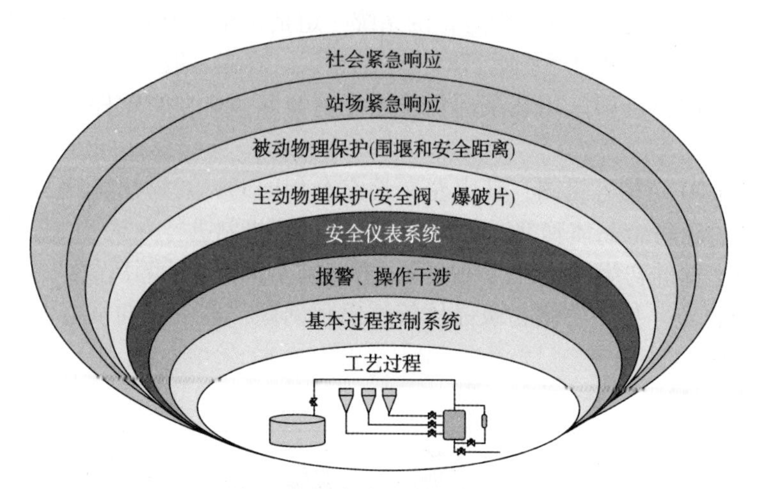

图 2-6　站场保护层洋葱模型

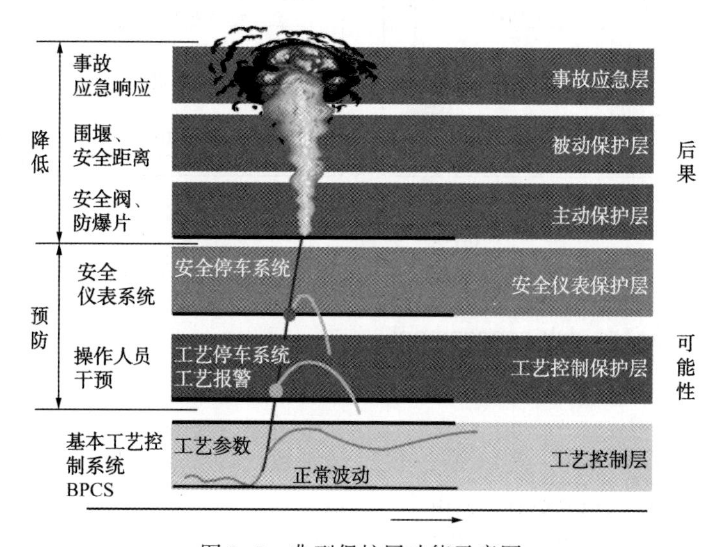

图 2-7　典型保护层功能示意图

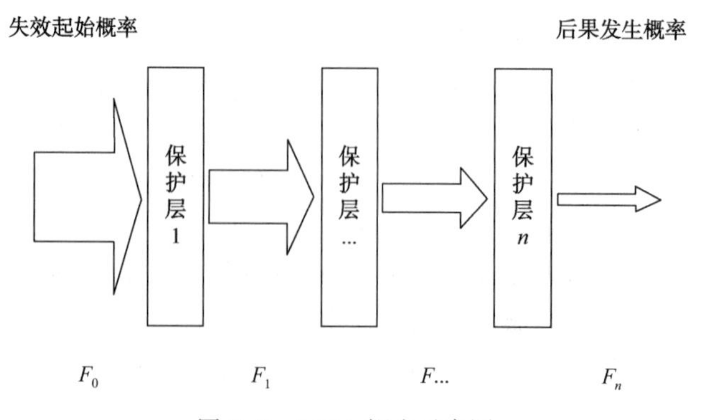

图 2-8　LOPA 概念示意图

2.1.20 维护超驰 maintenance override

在设备或线路维护期间，以预设值代替实际输入值，使安全仪表系统或火气系统连续工作的一种功能。

条文说明：本规范超驰的概念等同采用现行国家标准GB/T 50823《油气田及管道工程计算机控制系统设计规范》的定义，与现行国家标准GB/T 50770《石油化工安全仪表系统设计规范》第10.3条、第10.4条节中的“旁路”功能系统，仅在术语上有区别。在英语中超驰(Override)和旁路(Bypass)是两个不同的词，意义也有所区别：超驰，是使用预设值代替实际输入值，满足SIS逻辑，使SIS系统连续工作或满足启动条件的一种方法；旁路，是越过或阻止SIS逻辑，使某一安全回路不起作用的一种方法。旁路更多的是一种工艺的处理办法，如通过设置备用回路等。由于SIS输出元件除非在检修情况下不能失去关断功能，故本规范只定义了超驰，没有旁路。

条文解释：与GB/T 50823—2013第2.1.12条一致。

(1) GB/T 50770—2013中关于旁路的描述

GB/T 50770—2013中的“旁路”即本规范定义的“超驰”，在第10.3节维护旁路开关的设置的条文解释里对旁路功能进行了详细描述：

安全仪表系统的工艺联锁输入信号宜设维护旁路开关，三取二表决的冗余现场测量仪表输入信号可不设维护旁路开关；手动紧急停车输入信号不应设维护旁路开关，安全仪表系统的输出信号不应设维护旁路开关。

维护旁路开关、操作旁路开关、复位按钮、紧急停车按钮的操作应有状态报警和记录。

维护旁路开关用于现场仪表和线路维护时暂时旁路信号输入，使安全仪表逻辑控制器的输入不受维护线路和现场仪表信号的影响。应当严格限制维护旁路开关的使用。维护旁路开关在非维护时间应置于非旁路状态，保持安全仪表系统的完整和正常运行。维护旁路开关不应用于其他用途。

这些描述与本规范中对超驰的描述和定义是基本一致的。另外很重要的一点是，**超驰**及GB/T 50770中的**旁路**仅作用于大部分检测元件(如变送器等)，而对输出元件(如阀门等)则不做设置。

(2) 超驰(Override)和旁路(Bypass)的概念

超驰和旁路是两个完全不同的概念：

- 超驰：使用预设值代替实际输入值，满足SIS逻辑，使SIS系统连续工作或满足启动条件的一种方法；
- 旁路：越过或阻止SIS逻辑，使某一安全回路不起作用的一种方法。

图2-9所示冗余旁路流程图是典型的冗余旁路流程，支路A和支路B配置相同，平时支路A在用，支路B关闭。在支路A出现问题时切换至支路B，这时支路B完全替代支路A的功能，这样的操作叫支路B旁路支路A。可以看到，在完成旁路操作后，支路A的仪表(PIT-101A)、阀门(SDV-101A)和USD逻辑均已经失去了功能。

图2-10所示典型旁路流程是最常用的旁路流程，可以看到在主流程关闭旁路打开情况下，主流程的仪表、阀门都已被越过，逻辑也实际不起作用了。

而“超驰”的作用与“旁路”有明显的区别，如图2-11典型维护超驰逻辑图所示，该安全功能回路由检测元件压力变送器PIT-101A、关断逻辑和输出元件紧急关断阀SDV-101A组

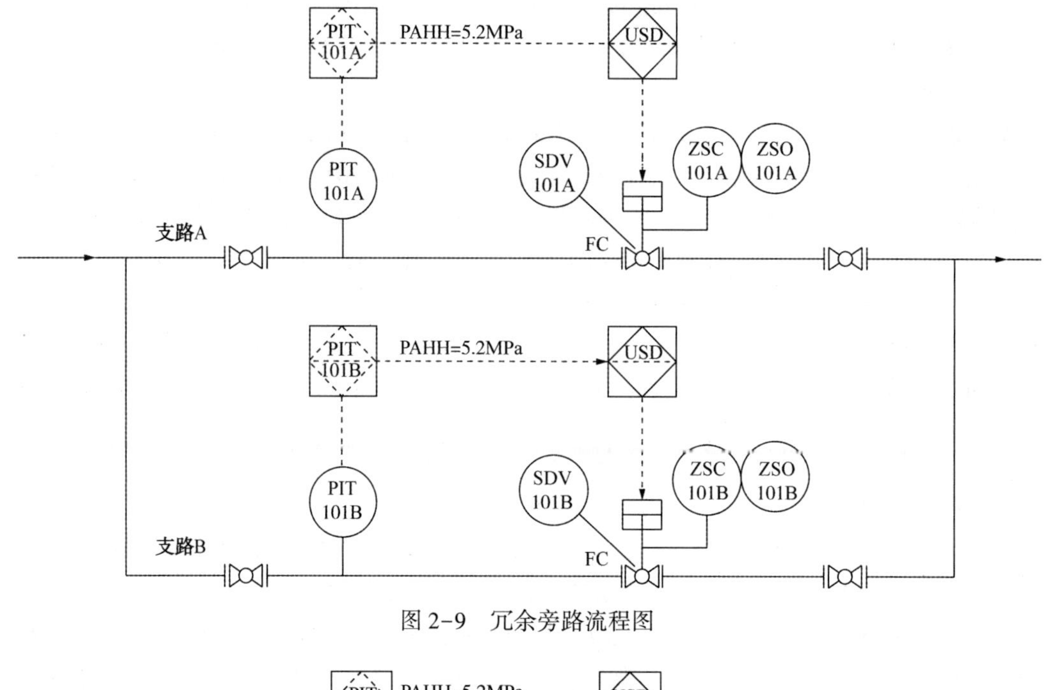

图 2-9　冗余旁路流程图

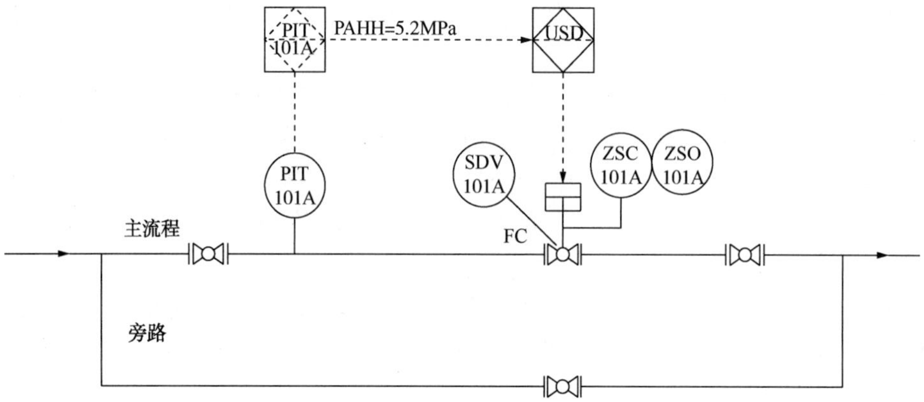

图 2-10　典型旁路流程

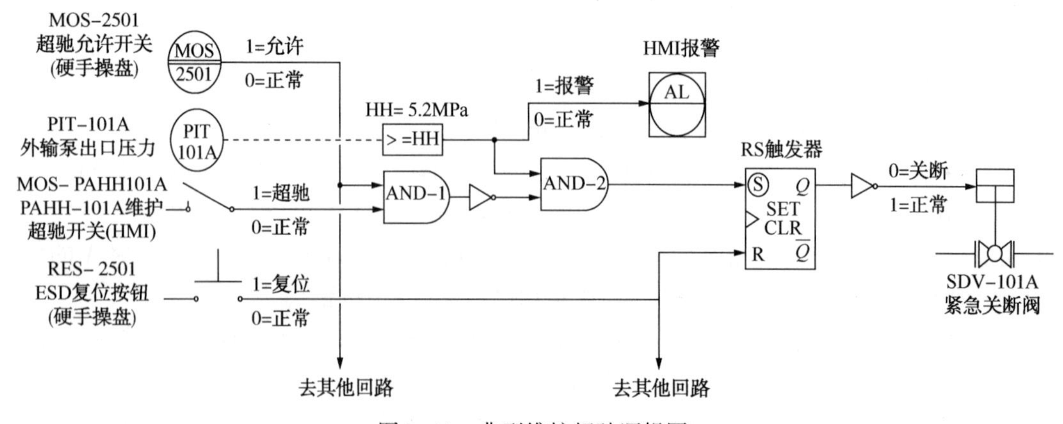

图 2-11　典型维护超驰逻辑图

成，当PIT-101A压力高高(≥5.2MPa)时关断SDV-101A，同时HMI上会显示压力高高报警。在压力变送器出现严重漂移或故障需要维修时，会执行维护超驰操作，暂时摘除该逻辑，避免误关断。整个操作和逻辑过程如下：

- 先在硬手操盘上将“超驰允许开关MOS-2501”打到“允许”状态，MOS-2501是硬件允许钥匙开关，只有打在“允许”状态下才可以在HMI对具体仪表的超驰进行操作；
- 在HMI上将MOS-PAHH101A软开关打到超驰状态，对PIT-101A的高高限报警进行维护超驰操作，此时与逻辑AND-1的两个输入都为“1”，则AND-1输出为“1”，经取非后与逻辑AND-2的超驰输入为“0”；
- 这时不管PIT-101A的采集值是否超过高高限(5.2MPa)，与逻辑AND-2的输出都为“0”，RS触发器不会触发，SDV-101A不会关断，但超驰不会影响HMI的报警功能；
- 在MOS-PAHH101A或MOS-2501置为正常状态时，与逻辑AND-1输出为“0”，经取非后AND-2超驰逻辑输入为“1”，关断逻辑恢复正常，即当PIT-101A的采集值超过高高限(5.2MPa)时，RS触发器会置位，SDV-101A关断。

由上面的维护超驰过程可以看出，超驰就是用固定的超驰值“0”替代仪表实际输入值，使该SIF回路暂时失效的一个过程。

(3) 三种超驰功能

超驰可分为维护超驰、操作超驰和自动维护超驰，这三种超驰有不同的功能和适用场合。

- 维护超驰：在仪表测试期间或出现故障需要维修、更换时，可将其置于维护超驰。
- 操作超驰：也称作启动超驰或工艺超驰，常用于低低关断等在工艺、设备启动前无法满足启动条件的输入。
- 自动维护超驰：一般SIS回路的故障，如模板故障、线缆挖断等都会默认触发停车，但此时工艺流程并没有出现问题，从一定意义上说，这样的关断都属于“误停车”。但随着故障诊断水平和技术的不断提高，可以通过诊断判断出这些非工艺故障，减少输入回路故障引起的“误停车”。SIS系统可以对回路进行故障诊断，如可进行检测线路的开路和短路、仪表或I/O模板通道等故障的诊断，检测到这些故障后系统可执行自动超驰操作，短时间隔离故障，减少不必要的误停车；同时会立即报警提醒操作员尽快处理，恢复正常安全保护功能。

执行自动维护超驰操作应注意：

A. 应是有人值守站场，在SIF回路暂时失效时，可以通过增加专门值守人员等手段降低事故风险，如有事故苗头也可以及时处理，避免事故放大。但如果是无人值守站场，不具备这些便利条件，所以不建议执行自动超驰，在SIF回路出现故障时应停车回到安全状态；

B. 应在BPCS上报警；

C. 自动维护超驰操作应有时间限制，延时时间一般不超过1h，超出延时时间后，如故障不恢复或未检测到手动维护超驰，应撤销自动维护超驰，此时可能导致系统停车。

(4) 超驰期间操作防护措施

超驰是暂时使部分SIF功能失效，超驰期间应符合下列操作防护规定：

A. 超驰不应屏蔽信号的报警功能；

B. 超驰状态应报警，报警宜每隔2h重复一次；

C. 超驰时间应限定，不宜超过8h；

D. 传感器被超驰期间，应有备用手段或措施触发该传感器对应的最终执行元件；

E. BPCS 故障不应影响超驰功能；

F. 应设置“超驰允许”硬件开关，转到“正常”状态可解除所有超驰。

Tips：经典问题——SIS PLC 模板故障后是否会导致立即停车？

一般来说，输出模板故障，特别是 1oo1 和 1oo2 配置的输出模板，如果该模板控制的设备采用励磁回路，由于输出源故障，都会直接导致停车；而对于输入模板，要根据安全技术要求对具体 SIF 回路的要求，进行综合考量，如果该输入回路具备必要的开路、短路自动诊断手段，可以通过自动维护超驰的方式避免模板或线路故障立即触发停车。

2.1.21 操作超驰 operational override

工艺过程启动期间，在预定的启动时间内以预设值代替实际输入值，用以满足启动条件的一种功能。

条文说明：与 GB/T 50823—2013 第 2.1.13 条一致。操作超驰也称为启动超驰(Start-up Override)或工艺超驰(Process Override)。

条文解释：维护超驰可用于除 ESD 按钮外的所有 SIS 输入，而操作超驰一般只用于低低关断输入。如图 2-12 泵启动超驰示例所示，泄漏一般会导致压力低低报警，有些泵为了防止物料泄漏，在泵出口会设置低低报警并联动紧急停泵。泵 P-660 出口设置低低压(PALL-660)停泵，在泵关停状态时，泵出口压力同时也低，即使目前工艺是正常状态，PALL 也报警。由于有停车报警存在，SIS 程序就无法复位，泵也被锁定无法启动，而泵无法启动泵出口压力也不会升高，PALL-660 也不会消失。这时如果不先超驰 PALL-660，就无法启泵。

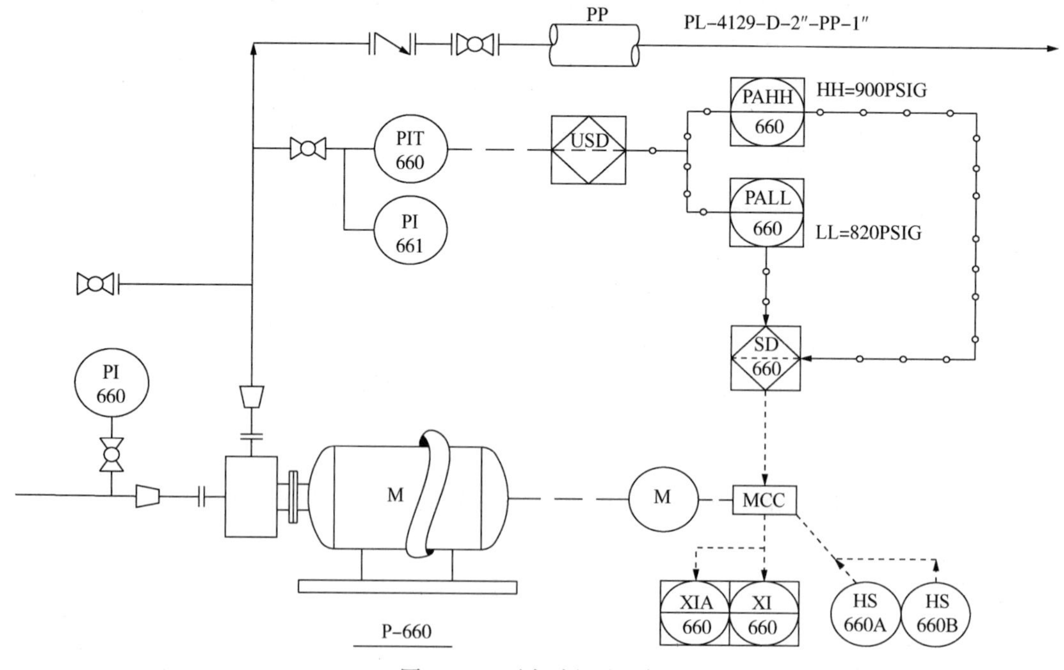

图 2-12 泵启动超驰示例

操作超驰就是为解决这些问题而设置的，此时正确的做法应该为 PALL-660 设置操作超驰，操作超驰与维护超驰相比是需要设置超驰延时时间，在超过延时时间后，如果工艺参数还不能恢复正常，可能说明启动过程出现问题，应自动撤销超驰后停车。

应根据工艺给的模拟值初次设定操作超驰延时时间，如通过模拟启泵后 90s 内泵出口压力应该恢复正常，操作超驰时间可以在 90s 基础上加点余量设置，如 120s。如果在 120s 内 PIT-660 超过低低限值，则 PALL-660 报警解除，同时操作超驰也解除；如果 120s 后 PALL-660 仍报警，则可能是泵启动故障或流程上仍有问题，泵出口压力一直无法升高，这时会自动撤销操作超驰，触发 P-660 关停，防止产生更大的损失或事故。

2.2 缩略语

BDV	blow down valve	紧急放空阀
BPCS	basic process control system	基本过程控制系统
ESD	emergency shutdown	紧急停车
FAT	factory acceptance testing	工厂验收测试
FGS	fire gas and smoke detection and protection system	火气系统
HAZOP	hazard and operability study	危险与可操作性分析
HFT	hardware fault tolerance	硬件故障裕度
HMI	human machine interface	人机接口
I/O	input/output	输入/输出
MOS	maintenance override switch	维护超驰开关
MTBF	mean time between failures	平均故障间隔时间
MTTR	mean time to repair	平均修复时间
MTTF	mean time to failures	平均无故障时间
NDE	normally de-energised	非励磁
NE	normally energized	励磁
OOS	operational override switch	操作超驰开关
PE	programmable electronics	可编程电子
PFD	probability of failure on demand	要求的失效概率
PLC	programmable logic controller	可编程序控制器
PSD	process shutdown	过程停车
PST	partial stroke test	部分行程测试
P&ID	piping and instrumentation diagram	管道仪表流程图
SAT	site acceptance testing	现场验收测试
SCADA	supervisory control and data acquisition	监控和数据采集
SDV	shutdown valve	紧急关断阀

SFF	safety failure fraction	安全失效分数
SIF	safety instrumented function	安全仪表功能
SIL	safety integrity level	安全完整性等级
SIS	safety instrumented system	安全仪表系统
SOA	safety system objectives analysis	安全系统目标分析
SOE	sequence of event	事件顺序记录系统
SRS	safety requirement specification	安全技术要求
USD	unit shutdown	单元停车

条文说明： HFT(硬件故障裕度 hardware fault tolerance)是指在设有 $N+1$ 冗余的功能单元时，N 个功能单元失效不会导致安全功能丧失，则 HFT 为 N，如无冗余系统的为 0，1∶1 冗余系统为 1，三冗余系统为 2 等。

条文解释： 无。

3 基本规定

3.1 系统设计原则

3.1.1 安全仪表系统应根据已确定的安全技术要求进行设计。

条文说明： 安全技术要求详见本书10.1.3。

条文解释： 安全技术要求一般以安全技术要求规格书(SRS - Safety requirements specification)的形式出现，SRS是贯穿于SIS系统生命周期的基础文件，也是SIS系统最终确认的依据，因此所有必须的信息都应该包括在内，形成一整套完整的文件。SRS定义了每个安全仪表功能(SIF)回路的功能要求和安全完整性要求，应该由仪表专业会同工艺、安全、设备、电气等相关专业一起编制而成。

3.1.2 安全仪表系统的设计应遵循独立设置原则，并应符合下列要求：

1 安全仪表系统宜与基本过程控制系统分开设置。

2 SIL1级安全仪表系统可与基本过程控制系统合用，但安全仪表回路的I/O模板及机架应独立设置。

3 安全仪表系统与基本过程控制系统合用时，共用部分应与安全完整性等级相适应。

条文说明： 无。

条文解释： 本条第1款强调了安全仪表系统宜独立于基本过程控制系统设计，在控制系统部分宜至少设置两套控制器，其中一套用于基本过程控制系统，另一套用于安全仪表系统，这样控制器相互独立，避免一套失效造成整个站场失控。

本条第2款、第3款与“7.2.1 SIL 1逻辑控制单元可与基本过程控制单元合用。”的要求一致，这时合用系统应该按照SIS系统进行配置，共用系统如CPU模板、通信模板、电源模板、机架等都应有与SIL等级要求相适应的可靠性指标。SIS部分的I/O模板和机架应分开设置，尽量做到独立，减少通信模板、电源模板和机架等公用部分故障造成系统全部失效的概率。

3.1.3 安全仪表系统的设计应遵循故障安全原则。

条文说明： 紧急停车功能回路一般设计为励磁回路，即在正常情况下，整个回路保持带电状态。一旦需要关断，则回路失电，执行元件回到安全位置(一般为全开/放空/运行或全关/切断/停止)。执行元件安全并不意味着由它控制的工艺流程安全，如一些采用串接流程的输气站场，位于尾端或中间站场的外输管道切断阀关断，会导致上游憋压，严重时可能引发可燃气体泄漏，造成较大的次生灾害；对有些大型设备，由关断回路停电造成的误关断，可能造成较大经济损失，如大型压缩机，误停机一次可能造较大财产损失；紧急停车还有可能造成设备自身故障，如热煤炉盘管结焦等。因此对这些回路而言，如采用非励磁回路，在采用 4.3.5 所要求的措施后，既能保证安全，又可以减少线路故障、失电等对工艺流程或大型设备造成的损坏或财产损失。

条文解释：本规范中的“**故障安全**”**不同于**“**失效安全**”**，指的是工艺/设备的系统安全**。失效安全是指在失去动力源、信号或设备故障时自动回到安全位置，失效安全回路需要按照励磁回路设计。故障安全应综合考虑工艺和设备的安全和生产连续性要求，选择故障安全位置是故障关、故障开还是故障锁定，回路采用励磁回路还是非励磁回路。

紧急停车是安全仪表系统的主要功能，紧急停车功能回路一般按“励磁回路”设计，如图 3-1 励磁回路状态示意图所示，上半部分是回路“励磁”状态，即传感器无关断报警，SIS 控制器输入状态为 1(高电平)、SIS 控制器逻辑输出也为 1(高电平)，控制紧急关断阀的电磁阀处于加电气源导通状态，紧急关断阀开；下半部分是回路“非励磁”状态，即传感器关断报警，SIS 控制器输入状态为 0(低电平)、SIS 控制器逻辑输出也为 0(低电平)，控制紧急关断阀的电磁阀处于断电气源不导通状态，紧急关断阀失去动力源关断。

“励磁回路”配合可失效关或开的执行元件可以实现失效安全，即失去动力源、控制信号或模板故障都可以将回路转入安全状态。如图 3-1 所示，即使是传感器未关断报警，SIS 控制器输出也正常，但如果控制器到切断阀的电缆出现故障或电磁阀的气源出现故障，都可以导致紧急关断阀失去控制或动力源而关断。

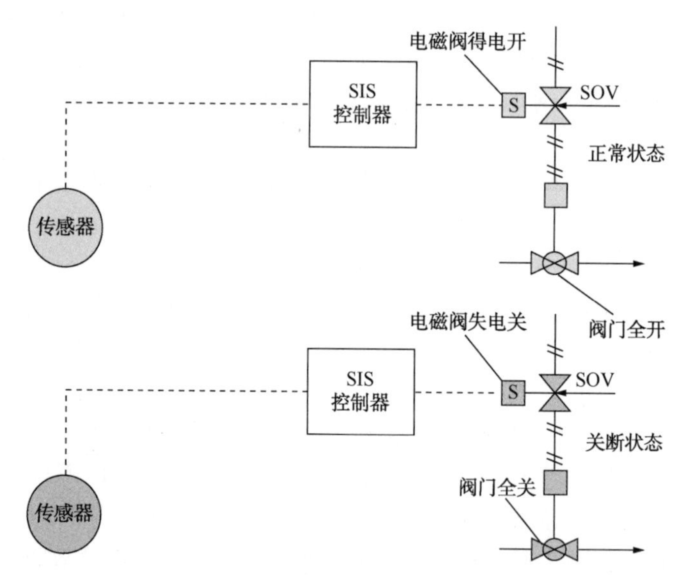

图 3-1　励磁回路状态示意图

采用“励磁回路”的好处是可以保证一失去动力就停车，将回路导入安全状态。“励磁回路”设计可以简化 SIS 外围系统的配置，比如可以不考虑动力源、控制电缆的后备或冗余。另外“励磁回路”的安全完整性等级也比较好计算和验证，由于电缆、动力源等辅助材料和设备的安全指标较难获得，如采用“励磁回路”设计，电源或电缆故障均会直接导致停车(属于安全失效)，这样在安全完整性计算时就可以忽略。

而“非励磁回路”与“励磁回路”区别主要在输出部分，即回路输出正常时处于非加电/非励磁状态，停车时输出处于加电/励磁状态。如图 3-2 非励磁回路状态示意图所示，图上半部分是正常状态，SIS 控制器关断输出为 0(低电平)，紧急关断阀由其他触点控制打开；图下半部分是关断状态，SIS 控制器关断输出为 1(高电平)，控制紧急关断阀关断。

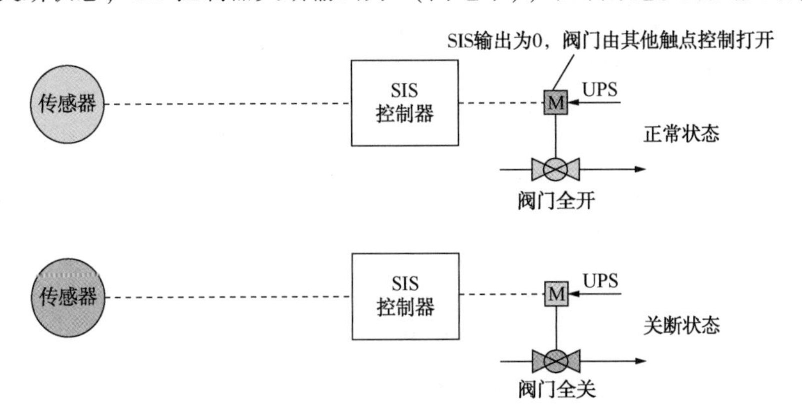

图 3-2　非励磁回路状态示意图

“励磁回路”虽然最大限度地保障了回路的安全性，但对整个工艺流程或设备的安全运行可能造成较大损失，这些弊端在条文说明中解释得很清楚。以下以压缩机紧急停车为例进行详细解释。

压缩机特别是大型的离心式压缩机以功率大、效率高、控制复杂、造价高昂著称，常用在气体处理厂、输气管道站场。作为核心的增压设备，每次非计划停车都会影响管输生产，造成大量气体放空，经济损失巨大。另外压缩机的紧急停车一般在压缩机厂房气体泄漏或着火时触发，停车命令发出后会同时停止压缩机和润滑辅助系统，失去润滑的惯性旋转很容易造成压缩机拉缸、传动轴干磨等机械损伤，导致较大的设备故障损失。

压缩机除了厂商自带的压缩机控制系统外，一般还设有远程关断，即从站控 SIS 系统去压缩机的紧急关断控制，在站场或压缩机房局部出现重大险情时，可以从中控室远程关停压缩机。该回路如果采用“励磁回路”或失效安全设计，则电缆挖断、模板故障、电源故障等都会造成压缩机的误停车。如果改为“非励磁回路”设计，即正常时输出信号为 0(低电平)，在需要压缩机远程停车时输出 1(高电平)。这样即使控制电缆被挖断，也不会造成误停车。

总有人对“非励磁回路”停车的合规性和安全性质疑，比如 GB/T 50770《石油化工安全仪表系统设计规范》中规定安全仪表系统应采用励磁(失电安全)回路。事实上非励磁停车回路在油气田工程包括一些海外工程中经常会碰到，并且安全仪表系统基础规范 IEC 61508、IEC 61511 和 ISA S84.01 并没有否定非励磁回路(具体见本书 4.3.5)，在一定条件下是可以使用的，本规范恢复了这一要求，是与其他国内规范有区别的地方。

“非励磁”停车增加了系统的可用性，但降低了安全性。系统的安全性要通过提高外围设备和材料的配置来实现，如供电电源采用 UPS 或双电源，控制电缆冗余且宜不同路由敷设。另外还可以设置备用关断手段来提高安全性，比如可以在硬手操盘上增加直接停车按钮。图 3-3：压缩机非励磁停车控制示意图给出了非励磁停车的概要，SIS 控制器的供电为双电源(一般至少一路为 UPS 电源)。SIS 系统给压缩机控制系统的停车信号采用加电/导通停车，即 0 为正常、1 为停车。输出采用冗余线路，冗余信号的逻辑是 1oo2，即任一信号为 1 都会触发压缩机停车。另外为了防止 SIS 控制器故障或输出线路故障造成的压缩机控制系统无法远程停车，还设计了“直接停车按钮”与压缩机控制系统直接连接，按钮按下可直接关停压缩机。

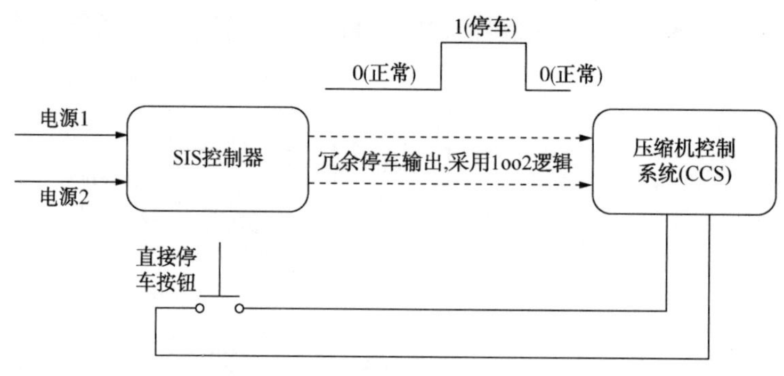

图 3-3　压缩机非励磁停车控制示意图

3.1.4　安全仪表系统的设计应遵循优先原则，并应符合下列要求：

1 安全仪表系统的动作应优先于基本过程控制系统。

条文说明：无。

条文解释：这条需要相关电路设计配合才能实现，基本的设计方法是将 SIS 控制点放在 BPCS 控制点的下游，最靠近被控元件侧，使 SIS 控制无法被 BPCS 超驰或旁路。如图 3-4 典型泵控制接点图所示，其中“启动按钮”(常开)和“停止按钮”(常闭)是泵控制柜上的手动启停按钮；“远程启”(常开)和“远程停”(常闭)是 BPCS 输出触点，“紧急停”(常开)是 SIS 输出触点；最后中间继电器 K1 吸合，则泵启动，K1 失电则泵停止。该图仅是简单的控制原理示意图，真正的控制回路会有更多的机电保护和互锁措施，在此不详细描述。

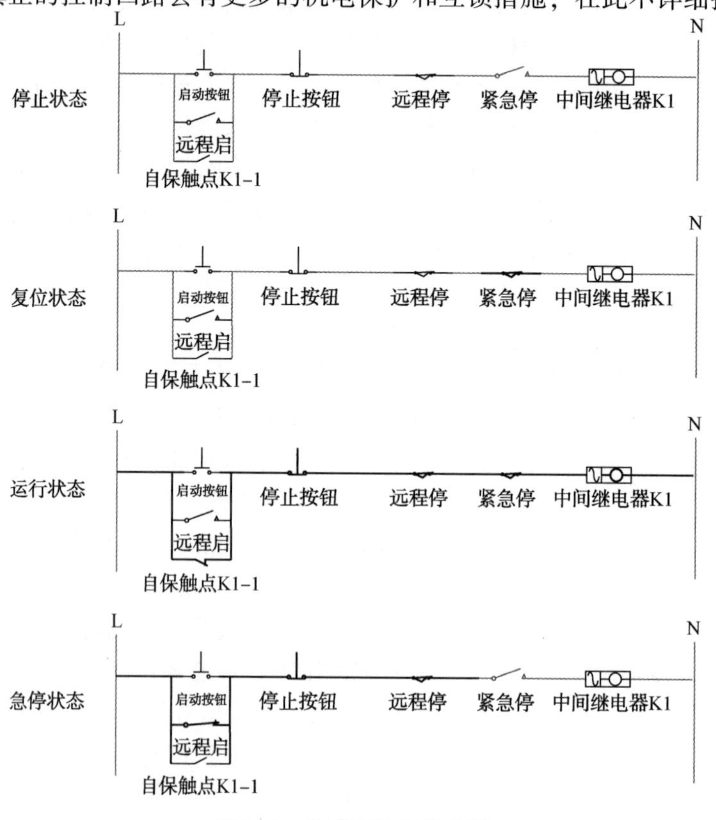

图 3-4　典型泵控制接点图

图 3-4 典型泵控制接点图表示了泵的四种状态，“停止状态”是全部失电状态，也是最原始状态。这时由于 SIS 的“紧急停”触点并未闭合，所以即使“启动按钮”或“远程启”触点闭合，中间继电器也不会得电，泵不会启动。

“复位状态”是 SIS 系统无报警情况下复位后状态，这时“紧急停”触点加电闭合，允许泵进行正常的启停操作。另外“复位状态”也是泵正常停止的状态。

“运行状态”是“启动按钮”按下或“远程启”短时间闭合后，“中间继电器 K1”得电，同时 K1 的“自保触点”K1-1 闭合，尽管“启动按钮”和“远程启”已经断开，但是自保触点保证 K1 依旧带电，泵处于运行状态。在运行状态时，如果想正常停止泵运行，则可按下“停止按钮”或 BPCS 的“远程停”短时间打开，则 K1 失电、“自保触点 K1-1”也断开，泵会停止运行如“复位状态”。

“急停状态”时，SIS 的“紧急停”触点断开，“中间继电器 K1”失电，泵停止运行。即便是 BPCS 中的“远程启”触点依旧闭合，由于电路已中断，K1 也无法得电，泵不会启动。

由此可见，SIS 系统的“紧急停”触点会优先于 BPCS 的“远程启”或泵控制柜的“启动按钮”，不管它们是否导通，都可以保证立即停止泵运行。实现安全仪表系统动作优先于基本过程控制系统的设计目的。

2 执行元件应无条件地接受和执行安全仪表系统命令。

条文说明：无。

条文解释：此款强调了执行元件的关断动作不应有任何条件限制，这里所说的条件主要是指设备的损坏，包括被控设备的损坏和执行元件自身的损坏。

热煤油炉是一个被控设备损坏的例子。热煤油炉正常停炉时，热煤油循环泵会持续运行一段时间，直到炉膛温度降低、热煤油温度也降低后才停泵，这样可以防止热煤油炉盘管结焦。而紧急停车主要是发生了可燃气体泄漏或火灾等严重事故，这时如果不能立刻停止所有工艺设备，可能会造成故障蔓延，酿成更大损失。因此这时不应考虑热煤油炉可能的损坏，应立即无条件关停包括热媒循环泵在内的所有设备。

执行元件自身损坏的例子可以参考电动执行机构，如图 3-5 电动执行机构 ESD 和联锁控制接线图所示，电动执行机构的“ESD 信号”可以超越“电机温度保护”等信号执行关断。在电动执行机构过力矩或阀门卡堵时会产生“电机温度保护”报警，在正常开关控制时，为了保护电动执行机构自身的安全，一般有保护报警时执行机构会自动停止转动。而“ESD 信号”可以设置为超越这些保护信号，不计代价完成关断操作，期望在执行机构损坏前尽量完成关断动作，将工艺系统导入安全状态。

3.1.5 安全仪表系统的设计应遵循最简原则，并应符合下列要求：

1 应减少安全仪表系统的中间环节。

条文说明：无。

条文解释：本款是指应尽量减少安全仪表系统回路内的连接和中间器件，如继电器、信号分配器等。本规定很好理解，回路多一个器件和连接就多一份风险，如果能做到尽量简洁，则风险会大大降低。另外回路中的器件一般需要与回路的安全完整性等级相适应，比如 SIL2 的回路，要求回路中的继电器、分配器等也应有不低于 SIL2 的认证，某些有认证器件可能比模板的单通道成本还昂贵，增加器件会增加回路总体成本。

紧急保护- ESD
和联锁控制电路

ESD和联锁控制电路可与16~18页所示的任何远程开关或开关或模拟控制电路合用。
紧急保护ESD信号可超越任何现有的就地和远程信号。对于ESD的响应,执行器可组态为开阀、关阀或保位。ESD只在触点保持时有效。执行器可组态为在触点“闭合”或“断开”时响应。

如需要,ESD信号可组态为超越电机温度保护、现场停止、联锁启动或备选的中断计时器。但在危险区域,ESD信号在超越电机温度保护期间将使防爆认证无效。

如订货时无特殊说明,执行器在发货前将设定为:高电平有效(触点闭合),ESD方向为关阀。ESD不超越电机温度保护、现场停止、联锁启动或备选的中断计时器。

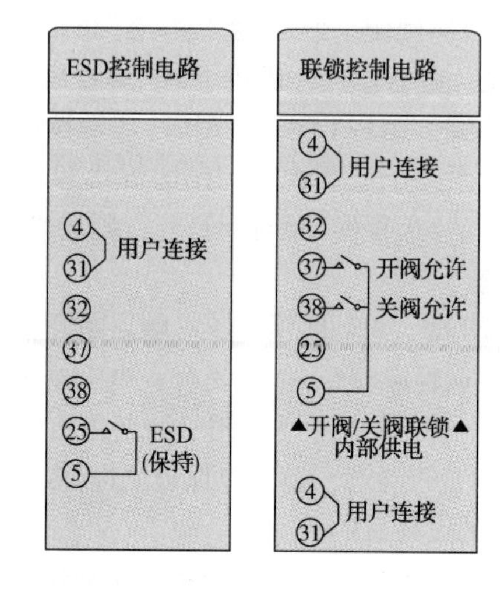

图 3-5　电动执行机构 ESD 和联锁控制接线图

特别是在数字量输出(DO)回路设计时,设计或集成商工程师习惯于在回路中增加隔离继电器,如图 3-6 紧急关断阀回路图所示(K6 为隔离继电器)。隔离继电器有很多优点,可以提高回路的带载能力、可以隔离不同电压等级,甚至还可以防雷击/电涌。本着简洁设计的原则建议去掉继电器 K6,由 DO 模板直接控制紧急关断阀的电磁阀即可。可能有人担心 DO 模板的带载能力,这个问题很好解决,只要选用继电器输出型 DO 模板即可。

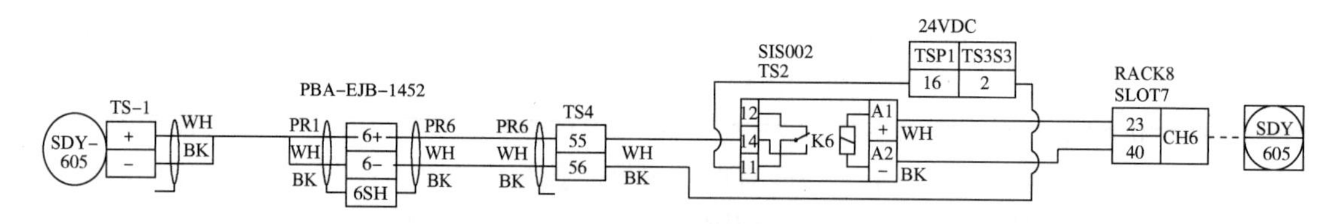

图 3-6　紧急关断阀回路图

2　逻辑控制单元与检测元件、执行元件间应采用硬线方式连接。

条文说明: 无。

条文解释: 该款要求 SIS 控制器与检测元件和执行元件,也就是输入和输出不能用总线或通信连接,必须用硬接线连接。目前虽然有经过 SIL 认证的现场总线网络,如 PROFIsafe,但由于支持的仪表较少,应用复杂且案例鲜有,因此本规范也不推荐用在安全仪表系统中。

该款不适应于逻辑控制单元和逻辑控制单元或远程 I/O 间的数据交换,这些都是通过认证的总线连接,能保证系统的安全完整性。

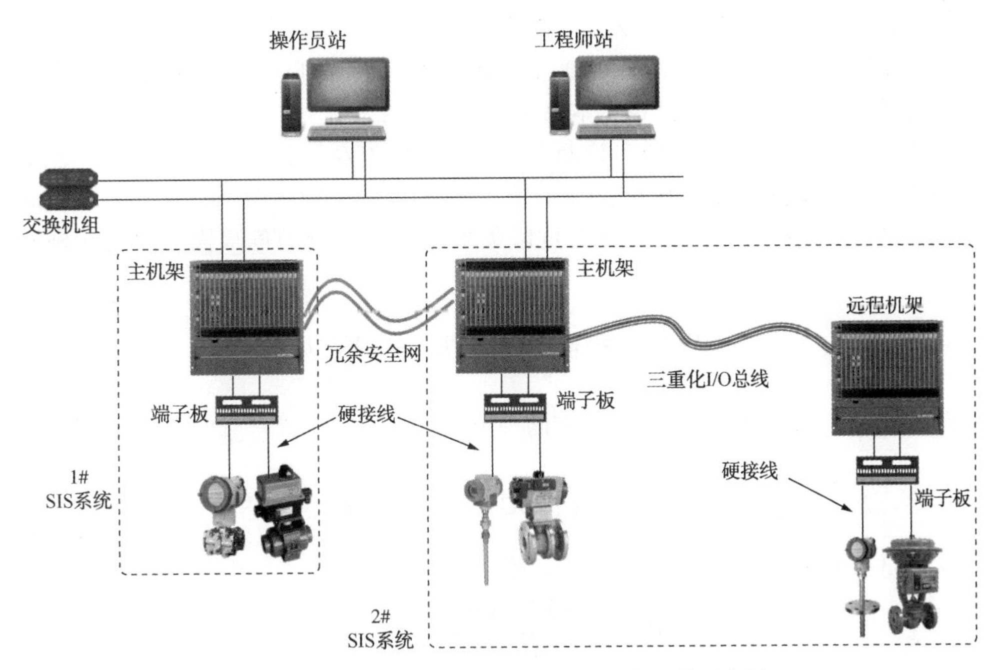

图 3-7　采用 SIL 认证网络的 SIS PLC 间通信示意图

3.2　安全完整性

3.2.1　安全完整性是以 SIF 回路为基础的整体性要求，安全仪表系统的设计应遵循安全完整性原则，并应符合下列要求：

1 系统中的各个组成部分应满足安全仪表系统的安全完整性要求；

条文说明： SIF 回路应包括检测元件、逻辑控制单元和执行元件或子系统三部分，整个回路的要求的失效概率(PFD)应是这三部分 PFD 串并联后的和。见图 3-8。

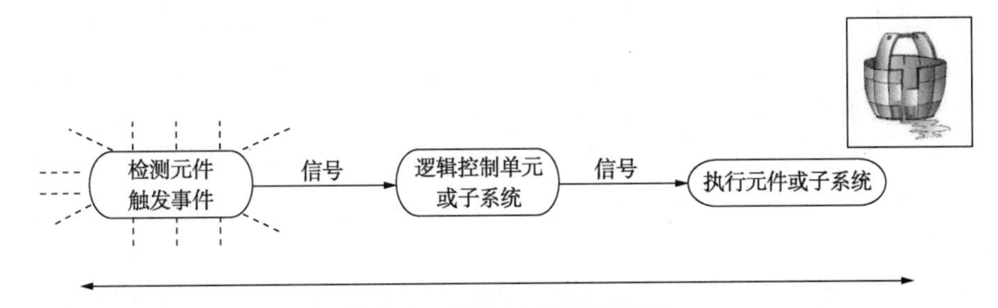

图 3-8　简单 SIF 回路示意图

条文解释： 根据木桶理论，整个 SIF 回路的安全完整性等级(SIL)是由回路中 SIL 等级最低的部分决定，如回路中检测元件为 SIL 2、逻辑控制单元为 SIL 3、执行元件为 SIL 1，则该回路的 SIL 等级不高于 SIL 1。

2 安全完整性可通过设备选型、冗余、增加测试频率、故障自诊断等手段予以改善。

条文说明： 无。

条文解释： 本款中的设备选型很好理解，即在 SIF 回路中的设备应该选择与该回路 SIL

等级相适应的设备，具体指标在3.2.3中详述。

在单台设备无法满足SIL要求时，通过冗余可以实现，简单地讲两个SIL 1的设备冗余一般可以达到SIL 2，这部分详述请见本书3.2.5。

要理解“增加测试频率和故障自诊断”需要借助于*PFD*计算公式，*PFD*是安全完整性等级的主要可计算衡量指标，其对应关系请见表3.2.4。式(3-1)是单个元件(1oo1)的*PFD*计算公式，式(3-2)是无法检测的危险失效率和可检测的危险失效率与诊断覆盖率的关系。

$$PFD_{\mathrm{AVG}}=\lambda_{\mathrm{Du}}\left(\frac{T_i}{2}+MTTR\right)+\lambda_{\mathrm{Dd}}MTTR \tag{3-1}$$

假设$\lambda_{\mathrm{D}}=\frac{\lambda}{2}$，即危险失效是总失效率的一半，则：

$$\lambda_{\mathrm{Du}}=\frac{\lambda}{2}(1-DC)，\lambda_{\mathrm{Dd}}=\frac{\lambda}{2}DC \tag{3-2}$$

代入式(3-1)中可得：

$$PFD_{\mathrm{AVG}}=\frac{\lambda T_i}{4}-\frac{\lambda DC}{4}+\frac{\lambda}{2}MTTR \tag{3-3}$$

式中 T_i——检验测试时间间隔，h；

$MTTR$——平均恢复时间，h；

DC——诊断覆盖率(分数或百分比)；

λ——失效率(每小时)；

λ_{D}——危险失效率(每小时)；

λ_{Dd}——可检测的危险失效率(每小时)；

λ_{Du}——无法检测的危险失效率(每小时)；

PFD_{AVG}——要求的平均失效概率，也简称为*PFD*。

从*PFD*公式可以看出，*PFD*和λ_{Dd}、λ_{Du}、*DC*、*MTTR*和T_i相关，*MTTR*与具体硬件设备和公司的运维水平有关，一般取8h。公式中λ_{Dd}是经自诊断测试可以检测的危险失效，可检测到的危险失效可按预设的程序进行安全处理，也是“安全”的；而λ_{Du}是无法检测到，属于危险失效。硬件的总危险失效率(λ_{D})=可检测的危险率(λ_{Dd})+无法检测的危险率(λ_{Du})，应尽量增加λ_{Dd}、减少λ_{Du}，增加诊断覆盖率(*DC*)可以有效实现。从式(3-3)也可以看出，*DC*越大，即诊断覆盖率越高，则*PFD*越小，SIL等级越高。因此增加故障自诊断能力可以有效提高硬件的安全完整性水平。

另外从式(3-3)中也可以看出，减小设备检验测试时间间隔(T_i)，即增加检验测试频率也可以有效减小*PFD*值。比如一般站场的检验测试周期是一年/次，由于紧急关断阀比较难达到要求的SIL等级，所以可以给需要的紧急关断阀增加部分形成测试功能，如每3个月测试一次，可以有效减小紧急关断阀的PFD值，满足回路安全完整性要求。

3.2.2 SIL等级由低到高可分为SIL 1、SIL 2、SIL 3和SIL 4四级，油气田工程中SIL等级不应高于SIL 3。

条文说明：超过SIL3的回路工艺应采取灾害减轻措施，如设置安全阀等。

条文解释：该条要求与GB/T 50770—2013第4.1.2条的条文说明一致：

4.1.2 安全完整性等级为 SIL 1~SIL 4 共四级。石油化工工厂或装置的安全完整性等级最高为 SIL 3 级。

ISA 84.01—1996 版也只定义到 SIL 3，其升版 ANSI/ISA-84.00.01—2004，为了与 IEC 61511 相适应才定义了 SIL 4 这一级，但在 ANSI/ISA-84.00.01—2004 Part 1(IEC 61511-1 Mod)第 9.3.1 条特意做了说明：

If the analysis results in a safety integrity level of 4 being assigned to a safety instrumented function, consideration shall be given to changing the process design in such a way that it becomes more inherently safe or adding additional layers of protection. These enhancements could perhaps then reduce safety integrity level requirements for the safety instrumented function.

翻译：如果 SIF 回路分析得出的安全完整性等级为 4 级，则应考虑更改工艺设计，增加本质的安全性或增加附加的保护层。这些增强措施可能将 SIF 回路安全完整性等级降为 4 级以下。

3.2.3 安全仪表功能应满足失效概率要求、硬件结构约束要求、系统失效避免及控制要求、软件要求。

条文说明：无。

条文解释：毫无疑问，每个安全仪表功能都应该其相适应的安全完整性等级进行设计，那么一个回路的安全完整性等级靠什么指标衡量呢？目前国内油气行业常用规范中一般要求：在低要求模式下，安全仪表功能的安全完整性等级应采用平均失效概率衡量，宜根据表 3-1 确定。

表 3-1 低要求操作模式下安全完整性等级与失效概率

安全完整性等级(SIL)	低要求操作模式的平均失效概率(PFD_{AVG})	安全完整性等级(SIL)	低要求操作模式的平均失效概率(PFD_{AVG})
4	$\geqslant 10^{-5}$且$<10^{-4}$	2	$\geqslant 10^{-3}$且$<10^{-2}$
3	$\geqslant 10^{-4}$且$<10^{-3}$	1	$\geqslant 10^{-2}$且$<10^{-1}$

这就容易给设计人员造成混淆，认为衡量 SIL 等级的唯一指标就是回路的 PFD_{AVG}，只要 PFD_{AVG}满足要求，如某一 SIL 3 回路的 $PFD_{AVG}=5.0\times10^{-4}$，那么这个回路就达到 SIL 3 的要求。IEC 61508 中是这样要求吗？其实不然，IEC 61508 规定安全仪表功能回路应同时满足以下四方面要求，才能认为是满足 SIL 等级的要求：

1 失效概率要求：定量要求，是指安全功能“需求时的平均失效概率”(PFD_{AVG})，该要求取决于安全仪表功能回路中元件和子系统的可靠性；

2 硬件结构约束要求：半定量要求，取决于安全功能回路安全失效分数(*SFF*)和硬件故障裕度(*HFT*)，该要求明确了构成安全功能的元件和子系统结构的约束条件；

3 软件要求：定性要求，表示为软件开发、测试和集成中功能安全管理和质量保证程序的充分性，该要求包括避免和控制软件中系统失效的技术和措施；

4 系统失效避免及控制要求：定性要求，表示为功能安全管理和质量保障程序的充足性，该要求包括避免和控制系统失效的技术和措施。

原则上，以上四项基本要求(图 3-9)都得到满足才能够证明 SIL 等级的符合性。安全仪表功能回路需求的 SIL 等级越高，失效概率要求、硬件结构约束要求、软件要求和系统失效的避免及控制会越高。

根据行业经验作法，一般通过承包商/供应商在项目中所贯彻执行的质量保证体系/方案和质量管理程序(如 ISO 9000：2000 认证等)和/或元件的“使用证明”，来说明其满足定性要求，如系统失效的避免及控制、软件要求等。

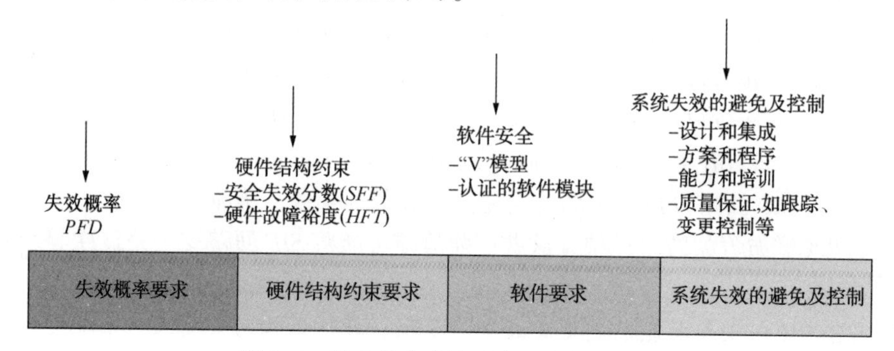

图 3-9 安全仪表功能回路四项主要要求

3.2.4 油气田工程应采用低要求操作模式，低要求操作模式下的平均失效概率要求应根据表 3.2.4 确定。

表 3.2.4 安全完整性等级：低要求操作模式的失效概率

安全完整性等级(SIL)	平均失效概率(*PFD*)	风险降低
4	$\geq 10^{-5} \sim < 10^{-4}$	>10000～≤100000
3	$\geq 10^{-4} \sim < 10^{-3}$	>1000～≤10000
2	$\geq 10^{-3} \sim < 10^{-2}$	>100～≤1000
1	$\geq 10^{-2} \sim < 10^{-1}$	>10～≤100

条文说明：表 3.2.4 同 IEC 61508-1—2010 Table 2，与 GB/T 50770—2013 表 4.1.3 类似。安全仪表系统的低要求操作模式是指安全仪表系统动作频率不大于每年一次。

条文解释：IEC 61508 定义了安全仪表系统的两种操作模式，分别是低要求操作模式和高要求或连续操作模式。低要求操作模式是指安全仪表系统动作频率不大于每年一次，油气田工程安全仪表系统均按低要求操作模式设计。高要求或连续操作模式是指安全仪表系统动作频率大于每年一次，典型的如机械相关的速度控制、锅炉燃烧控制和飞机飞行控制都属于这种模式。高要求或连续操作模式的平均失效率指标为 *PFH*(Probability of dangerous Failure per Hour)，见表 3-2。

表 3-2 高要求或连续操作模式的失效概率

高要求或连续操作模式	
安全完整性等级(SIL)	执行安全仪表功能的目标危险失效频率(PFH_{AVG})
4	$\geq 10^{-9} \sim < 10^{-8}$
3	$\geq 10^{-8} \sim < 10^{-7}$
2	$\geq 10^{-7} \sim < 10^{-6}$
1	$\geq 10^{-6} \sim < 10^{-5}$

3.2.5　检测元件和执行元件的硬件结构约束应满足表 3.2.5-1 和表 3.2.5-2 的要求。

表 3.2.5-1　A 类元件的硬件结构约束要求

安全失效分数(*SFF*)	硬件故障裕度(*HFT*)		
	0	1	2
<60%	SIL 1	SIL 2	SIL 3
60%～<90%	SIL 2	SIL 3	SIL4
90%～<99%	SIL 3	SIL4	SIL4
≥99%	SIL 3	SIL4	SIL4

表 3.2.5-2　B 类元件的硬件结构约束要求

安全失效分数(*SFF*)	硬件故障裕度(*HFT*)		
	0	1	2
<60%	不允许	SIL 1	SIL 2
60%～<90%	SIL 1	SIL 2	SIL 3
90%～<99%	SIL 2	SIL 3	SIL4
≥99%	SIL 3	SIL4	SIL4

条文说明：表 3.2.5-1 同 IEC 61508-2—2010 Table 2，表 3.2.5-2 同 IEC 61508-2—2010 Table 3。

硬件结构约束要求是半定量要求，取决于 SIF 回路安全失效分数(*SFF*)和硬件故障裕度(*HFT*)，是对元件冗余的最低要求。该要求明确了 SIF 回路中元件和逻辑控制器的硬件结构构成方式，是否需要采用硬件冗余，如某 B 类元件的 *SFF* 为 95%，SIL 2 对应的故障裕度要求为 0，即采用单台设备就可满足要求；如 *SFF* 为 80%，SIL 2 对应的故障裕度要求为 1，则需要两台设备，采用 1oo2 结构才能达到要求；如 *SFF* 为 50%，SIL 2 对应的故障裕度要求为 2，则需要三台设备，采用 1oo3 的结构才能达到要求。

根据 IEC 61508 定义，A 类元件是指满足以下条件的设备：

1　能够确定所有组成元件可能的失效模式；并且

2　可以完全确定故障模式下子系统的动作；并且

3　有足够的现场可靠数据资料，并与要求的可检测失效率和不可检测失效率相吻合。

B 类元件是指满足以下条件的设备：

1　至少有一个组成元件的失效模式尚不能完全确定；或

2　不能完全确定故障状态下子系统的动作；或

3　没有足够的现场可靠数据资料证明与要求的可检测失效率和不可检测失效率相吻合。

典型的 A 类元件是简单的电子机械设备，如阀门、开关/按钮(如压力开关、液位开关、ESD 按钮等)、机械式流量计、气动/液动执行器、继电器，或由电阻、电容放大器等构成的简单电子模块(如SPD、安全栅等)。

典型的B类元件是基于微处理器的设备，或具有复杂自定义逻辑的设备，如变送器、智能流量计(如质量、超声流量计等)、电动执行机构、燃烧控制器、逻辑控制器等。

条文解释：(1) IEC 61508-2—2010 Table 2 和 Table 3 原文

Table 2　Maximum allowable safety integrity level for a safety function carried out by a type A safety-related element or subsystem

Safe failure fraction of an element	*Hardware fault tolerance*		
	0	*1*	*2*
60%	*SIL 1*	*SIL 2*	*SIL 3*
60%～90%	*SIL 2*	*SIL 3*	*SIL 4*
90%～99%	*SIL 3*	*SIL 4*	*SIL 4*
99%	*SIL 3*	*SIL 4*	*SIL 4*

NOTE 1　This table, in association with 7. 4. 4. 2. 1 and 7. 4. 4. 2. 2, is used for the determination of the maximum SIL that can be claimed for a subsystem: given the fault tolerance of the subsystem and the SFF to the elements used.

ⅰ. For general application to any subsystem see 7. 4. 4. 2. 1.

ⅱ. For application to subsystems comprising elements that meet the specific requirements of 7. 4. 4. 2. 2. To claim that a subsystem meets a specified SIL directly from this table it will be necessary to meet all the requirements in 7. 4. 4. 2. 2.

NOTE 2　The table, in association with 7. 4. 4. 2. 1 and 7. 4. 4. 2. 2, can also be used:

ⅰ. For the determination of the hardware fault tolerance requirements for a subsystem given the required SIL of the safety function and the SFFs of the elements to be used.

ⅱ. For the determination of the SFF requirements for elements given the required SIL of the safety function and the hardware fault tolerance of the subsystem.

NOTE 3　The requirements in 7. 4. 4. 2. 3 and 7. 4. 4. 2. 4 are based on the data specified in this table and Table 3.

NOTE 4　See Annex C for details of how to calculate safe failure fraction.

Table 3　Maximum allowable safety integrity level for a safety function carried out by a type B safety-related element or subsystem

Safe failure fraction of an element	*Hardware fault tolerance*		
	0	*1*	*2*
60%	*Not Allowed*	*SIL 1*	*SIL 2*
60%～90%	*SIL 1*	*SIL 2*	*SIL 3*
90%～99%	*SIL 2*	*SIL 3*	*SIL 4*
99%	*SIL 3*	*SIL 4*	*SIL4*

NOTE 1　This table, in association with 7. 4. 4. 2. 1 and 7. 4. 4. 2. 2, is used for the determination of the maximum SIL that can be claimed for a subsystem given the fault tolerance of the subsystem and the SFF to the elements used.

ⅲ. For general application to any subsystem see 7. 4. 4. 2. 1.

ⅳ. For application to subsystems comprising elements that meet the specific requirements of 7. 4. 4. 2. 2. To claim that a subsystem meets a specified SIL directly from this table it will be necessary to meet all the requirements in 7. 4. 4. 2. 2.

NOTE 2　The table, in association with 7. 4. 4. 2. 1 and 7. 4. 4. 2. 2, can also be used:

ⅲ. For the determination of the hardware fault tolerance requirements for a subsystem given the required SIL of the safety function and the SFFs of the elements to be used.

(2) 硬件故障裕度(简称 HFT-Hardware Fault Tolerance)

硬件故障裕度定义如下：

$N+1$ 冗余的功能单元，N 个功能单元失效不会导致安全功能丧失，则硬件故障裕度为 N。常见的硬件故障裕度为：无冗余系统的 $HFT=0$，1∶1 冗余系统的 $HFT=1$，三冗余系统的 $HFT=2$。典型三冗余 SIS 系统逻辑结构图见图 3-10。

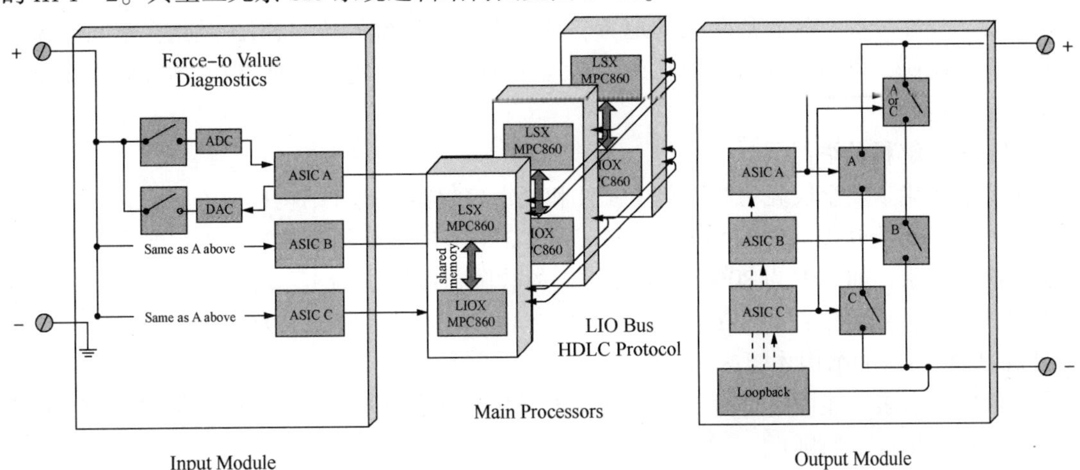

图 3-10　典型三冗余 SIS 系统逻辑结构图

请注意这里的冗余不仅限于 SIS PLC 的 CPU、I/O 模板，还适用于检测元件和执行元件。比如，某一 SIF 回路 SIL 等级为 2，而变送器只能到 SIL 1，则该回路检测元件可按 $HFT=1$ 设计，即采用 2 台冗余的 SIL 1 变送器，逻辑结构为 1oo2，就可满足该 SIF 回路 SIL 2 的要求。变送器冗余回路见图 3-11。

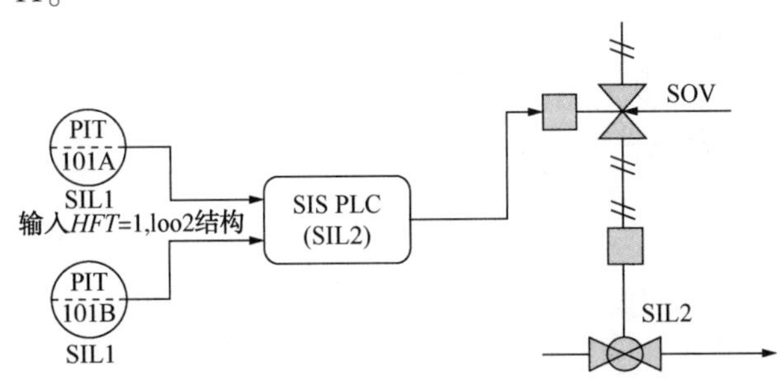

图 3-11　变送器冗余回路

(3) 与 GB/T 50770 的适应性解释

国内石化领域 SIS 系统设计规范，如 GB/T 50770—2013《石油化工安全仪表系统设计规范》中虽然没有明确提出硬件结构性约束的概念，但隐含在输入元件、输出元件和逻辑控制单元的冗余设置要求中，其前提是对各类元件的 SFF 先做假定如下：

1　A 类元件，如阀门、开关等的 SFF 为<60%或 60%～<90%；

2　B 类元件，如智能变送器、PLC 等的 SFF 为 90%～<99%。

根据以上假定和硬件结构性约束要求得出类似规范条文，如 GB/T 50770—2013 中规定控制阀的冗余设置应符合下列要求：

- SIL 1 级安全仪表功能，可采用单一控制阀(说明：根据表 3，即使控制阀的 SFF<60%，用 1 台也可以满足 SIL1 的要求)；

• SIL 2 级安全仪表功能，宜采用冗余控制阀(说明：根据表 3，如控制阀的 SFF<60%则必须冗余，而如果 SFF 为 60%～<90%，则用 1 台就行了，所以这里用了**宜**)；

• SIL 3 级安全仪表功能，应采用冗余控制阀(说明：根据表 3，即使控制阀的 SFF 为 60%～<90%，也必须用 2 台 1oo2 冗余才能满足 SIL3 要求，所以这里用了**应**)。

这样规定，可在保证基本安全的情况下，大大减轻了设计人员相关计算工作量，但不宜生搬硬套。如在一些空间非常受限的地方，像海上生产平台，某一 SIL3 回路在空间上无法摆开两台控制阀，可不可以用一台有 SIL3 认证的控制阀代替呢？根据 IEC61508 和本规范的规定，是可行的。

(4) 综合解释及举例

该要求明确了安全仪表功能回路中元件和逻辑控制器的硬件结构构成方式，是否需要采用硬件冗余，如某 B 类元件的 SFF 为 95%，SIL 2 对应的故障裕度要求为 0，即采用单台设备就可满足要求；如 SFF 为 80%，SIL 2 对应的故障裕度要求为 1，则需要两台设备，采用 1oo2 结构才能达到要求；如 SFF 为 50%，SIL 2 对应的故障裕度要求为 2，则需要三台设备，采用 2oo3 或 1oo3 的结构才能达到要求。

一般安全仪表功能回路是由几部分组成的，整个回路的硬件结构是否满足相应的 SIL 等级要求，应依据以下原则：

1 整个回路的 SIL 等级是由各组成部分最低 SIL 等级决定的；

2 冗余(提高故障裕度)可提升冗余部分的 SIL 等级。

举例说明，如图 3-12：简单安全仪表功能回路 SIL 等级选取示意图构成的安全仪表功能回路，元件 1 的 SIL 等级为 1、元件 2 的 SIL 等级为 2、元件 3 的 SIL 等级为 3，则整个回路的 SIL 等级应根据最低的元件 1 确定，该回路 SIL 等级应为 1。

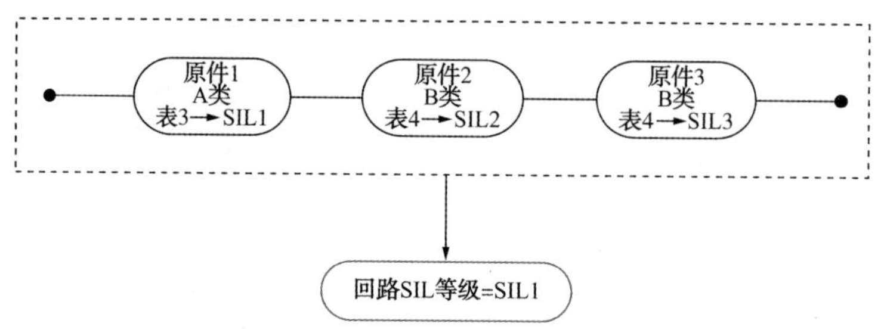

图 3-12 简单安全仪表功能回路 SIL 等级选取示意图

图 3-13 所示，复杂安全仪表功能回路 SIL 等级选取示意图构成的安全仪表功能回路就相对复杂，它是由子系统 X 和子系统 Y 串联。其中子系统 X 为并联(冗余)结构，它的两个支路分别是：支路 1-元件 1 和元件 2 串联，支路 2-元件 3 和元件 4 串联，两个支路再组成并联(冗余)结构；子系统 Y 只有一个元件 5。在确定整个回路 SIL 等级前，需要根据原则 1 对整个结构进行简化。

第一步结构简化，元件 1 为 SIL3、元件 2 为 SIL2，则支路 1(元件 1&2)为 SIL2；元件 3 为 SIL2、元件 4 为 SIL1，则支路 2(元件 3&4)为 SIL1；元件 5 是 SIL2。

第二步结构简化，支路 1 的 SIL 等级为 2，支路 1 与支路 2 冗余，相当于硬件故障裕度加 1。根据原则 2 和表 4，则子系统 X 的 SIL 等级应为 SIL2+1＝SIL3。

最后整个回路的 SIL 等级应根据最低的子系统 Y 确定，回路 SIL 等级应为 2。

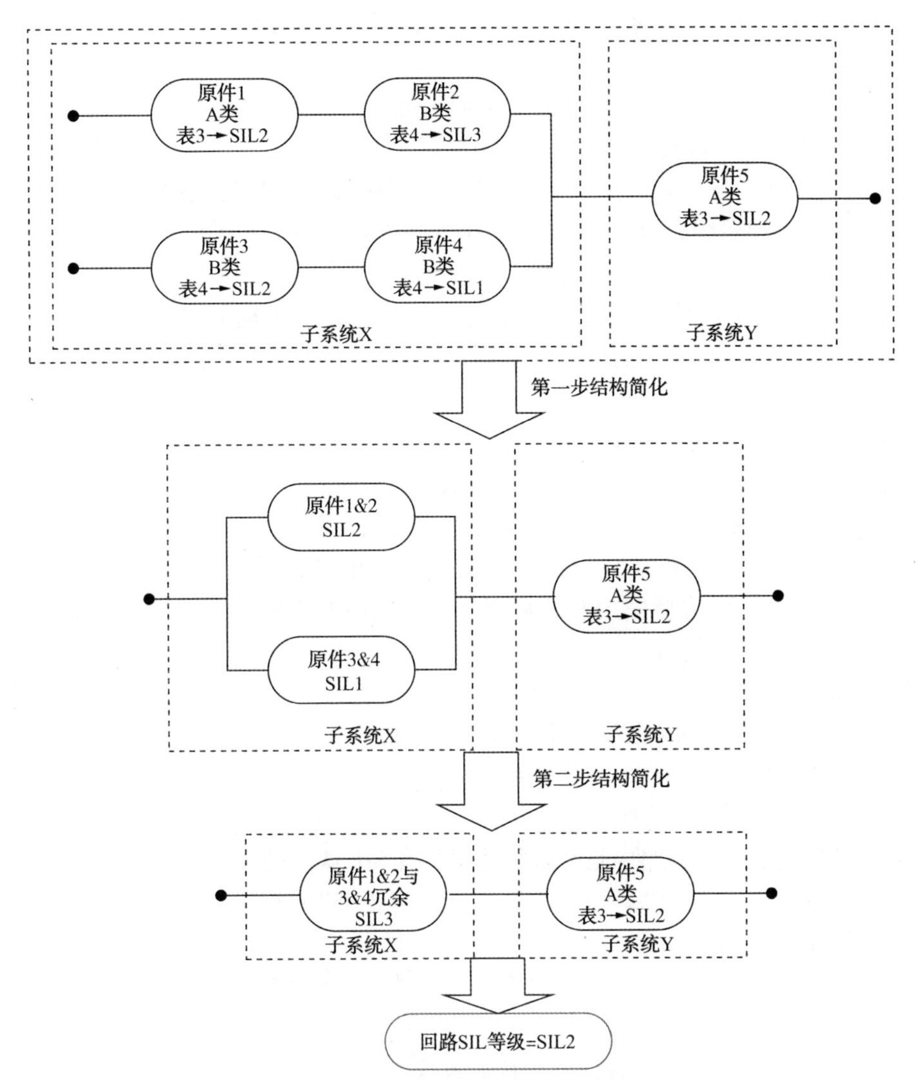

图 3-13　复杂安全仪表功能回路 SIL 等级选取示意图

3.2.6　安全仪表系统应选择经过 SIL 等级认证的或经过现场实践认证的设备，设备宜具有 SIL 等级证书，如不能提供，则应至少提交下列文件证明：

1 ISO 9000 质量证书。

2 其他资质、认可和设备可靠性测试文件。

3 在运系统/元件清单，详细记录了购买方、数量、用户、使用日期等信息。

条文说明：系统失效是由某种特殊原因而非自然老化引起的失效，导致系统失效的原因可分为以下三类：

1 应力失效，通常在过度应力的条件下出现，即元件的操作条件超出设计要求；

2 设计失效，广义范畴的设计失效发生在运行之前的数个阶段，如系统设计本身的失效、制造失效或安装过程中的失效；

3 运行失效，是在运行或维修/测试过程中由于人员失误引起的失效，如传感器根阀处于关闭状态等。

通常可以通过改进来避免系统失效，如对设计或生产流程、操作程序/规程进行改造/修改。

设备生产厂家或供应商应提供相关文件来证明其设备能够避免和控制系统失效。根据IEC 61508-2第7.4.7节的说明，如果子系统满足“使用证明”的要求，则不需要提供避免和控制系统失效的措施和技术的信息。子系统满足“使用证明”是指能提供相关文件证明其失效可能性(硬件失效和系统失效)，满足安全仪表回路的SIL等级要求。这些证明文件包括：

1 清晰且严格受限的功能性说明；

2 子系统在具体配置结构下的使用情况(正式记录使用期间的所有失效，参见IEC 61508-2第7.4.7.10节)并考虑其他需要进行的分析或测试(参见IEC 61508-2第7.4.7.8节)记录文件。

条文解释：该条是满足“系统失效避免及控制要求”而规定的，该规定有两层意思：

1 安全仪表系统中最好选用具有SIL等级认证的设备；

2 没有SIL认证的设备也可以选用，但必须有现场实践认证。

也就是说SIF回路输入和输出元件可以选择没有SIL认证的设备，但不能选择未经现场实际使用过的新产品，应选择应用业绩良好、可靠性高的成熟产品。挪威石油天然气行业中，认可的应用业绩至少包括：

- 售出10台此产品；
- 使用时间超过50000h(在役时间或运行时间)；
- 两套及以上生产设备使用了此产品；
- 一家以上的公司使用了此产品。

Tips：**经典问题2-SIF回路中是否必须选用具有SIL认证的设备？**

答案是可以，但必须满足“系统失效避免及控制要求”的规定，是经现场验证过的应用业绩良好、可靠性高的成熟产品。

◆ 3.2.7 用于安全仪表系统的编程软件应具有符合的SIL等级认证。

条文说明：无。

条文解释：这点往往被人忽视，安全仪表系统的软件也应具有SIL认证，图3-14是某公司TCS-900系列TÜV认证报告附件中的截图，可以看出编程软件及软件模块库都是经过安全认证的。

只有采用这些经过认证的安全软件和软件库编制的用户程序，才是符合SIL等级要求的。

◆ 3.2.8 安全完整性等级宜根据过程危险分析和保护层功能分配的结果评估并确定，宜按照本规范附录A进行评估和验证，油气田地面工程典型站场安全仪表功能宜按照本规范附录B设置。

条文说明：安全完整性等级评估方法应根据工艺过程复杂程度、国家现行标准、风险特性和降低风险的方法、人员经验等确定。主要方法应包括风险矩阵法、保护层分析法、校正的风险图法、经验法及其他方法。由于油气田工程一般工艺流程、规模、人员安排和投资重复性和相似性较高，加上普遍设计周期紧张，很难有时间进行安全完整性评估。参照国外石油公司一些成熟做法，如OLF-070-Rev2《Application of IEC 61508 and IEC 61511 in the Norwegian Petroleum Industry》7.6 Minimum SIL requirements中，本规范附录B对油气田常用安全功能回路的进行了划分和定义。

某公司	Revision List SUPCON TCS -900 Certificate No:968/FSP 1100.03/18	

Catalogue No.	Description	HW Rev.	SW Rev.	Firmware Rev.	Product Rev.	Report-No.:	Certification Status
TDO9010	Digital Output Terminal Module(24VDC)	1.1	-/-	-/-	V11.00.00	968/FSP1100.02/18	Valid
SafeContrix	Configuration Soft ware	-/-	V1.00.00.00	-/-	V1.00.00.00	968/FSP1100.00/15	Valid
	Algorithm:Library: TCS_BasicLib(V1.00.0 0.00) bin	-/-	V1.00.00.00 CRC32:C1DD4B61	-/-		968/FSP1100.00/15	Valid
	Algorithm:Library: TCS_AuxLib(V1.00.0 0.00) bin	-/-	V1.00.00.00 CRC32:98B09AB7	-/-		968/FSP1100.00/15	Valid
SafeContrix	Configuration Soft ware	-/-	V1.00.00.01	-/-	V1.00.00.01	968/FSP1100.01/15	Valid
	Algorithm:Library: TCS_BasicLib(V1.00.0 0.00) bin	-/-	V1.00.00.00 CRC32:C1DD4B61	-/-		968/FSP1100.00/15	Valid
	Algorithm:Library: TCS_AuxLib(V1.00.0 0.01) bin	-/-	V1.00.00.01 CRC32:0B970C11			968/FSP1100.01/16	Valid
SafeContrix	Configuration Soft ware	-/-	V1.00.01.00	-/-	V1.00.01.00	968/FSP1100.02/18	Valid
	Algorithm:Library: TCS_BasicLib(V1.00.0 1.00) bin	-/-	V1.00.01.00 CRC32:46C19323	-/-		968/FSP1100.02/18	Valid
	Algorithm:Library: TCS_AuxLib(V1.00.0 1.00) bin	-/-	V1.00.01.00 CRC32:3CE43CB8	-/-		968/FSP1100.02/18	Valid
SafeContrix	Configuration Soft ware	-/-	V1.10.00.00	-/-	V1.10.00.00	968/FSP1100.03/18	Valid

ZH EJIANG SUPCON TECHNOL OGY CO.LTD
No 309. Liuhe Road
Binjiang District,Hangzhou
310053 Zhejiang /P.R.China

Page 8 of 10

TUV Rheinland Industrie Service GmbH
Automation-Functional Safety(A-FS)
Am Grauen Stein
51105 Köln/Germany

File:FSP_ 1100_03_18_ RL_2018_12_10_pdf.docx

图 3-14　TCS-900 系列 TÜV 认证报告中关于软件功能块认证

条文解释：设置安全系统的目的就是为了应对可能出现的风险，风险和安全完整性之间的差别在于：风险是某个规定的危险事件发生的频率及其后果的一个度量，可对各种情况的风险(过程风险、允许风险、残余风险，见图 3-15)进行评估，允许风险涉及社会和政治因素的考虑。安全完整性是 SIF(安全仪表功能)和其他保护层达到规定安全功能可能性的一个度量，一旦设定了允许风险并估算了必要的风险降低，就能分配 SIF 回路的安全完整性要求。

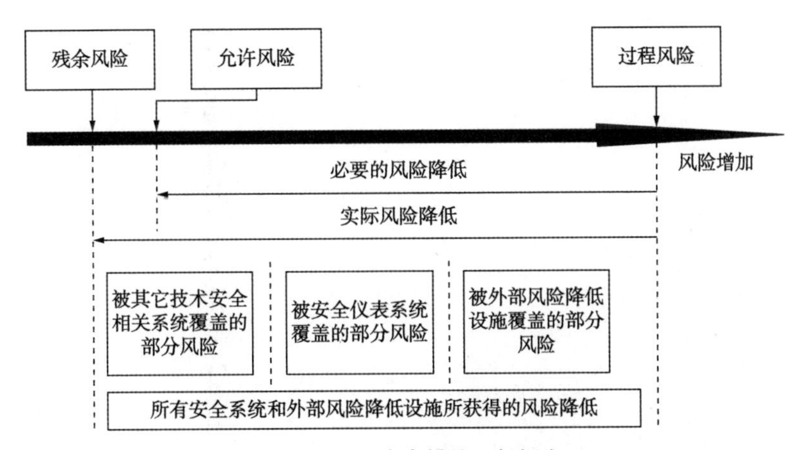

图 3-15　风险降低的一般概念

安全完整性等级评估是指根据风险分析结果，针对站场所涉及的安全相关系统，对每一个回路的安全完整性等级进行评定，评估重点是典型流程中的安全控制回路。研究分析结果对安全仪表系统的适用性在得到 SIL 评估小组的共同认可后，可以用于安全仪表系统的设计。

安全完整性等级评估方法有很多种，主要有：

- 保护层分析法(LOPA)；
- 风险矩阵法；
- 校正的风险图(半定性方法)；
- 经验法。

常用也是本规范推荐的方法是保护层分析法，LOPA 是一种半定量的风险评估方法，通常使用初始事件频率、后果严重程度和独立保护层(IPLs)失效频率的数量级大小来近似表征危险事件的风险。LOPA 通过评价保护层的要求时危险失效概率，判断现有保护层是否可以将特定危险事件的风险降低到允许风险标准所要求的水平。分析方法具体可参照 AQ/T 3054—2015《保护层分析(LOPA)方法应用导则》。

4　系统组成与紧急停车功能

条文解释： 该章计划名称为“系统组成与功能”，准备对 SIS 系统组成、ESD 功能、FGS 系统和系统间关系进行定义。由于 GB 50116 的限制，该标准有意回避了 FGS 系统的问题，仅对 SIS 系统组成和 SIS 系统的主要功能-ESD 功能，进行原则性定义。

4.1　一般规定

4.1.1　安全仪表系统应根据确定的安全完整性等级进行配置。

条文说明： 无。

条文解释： 安全仪表系统是由多个安全仪表功能回路组成的，每个功能回路都应该分配确定的安全完整性等级，设计人员或厂商应根据确定的安全完整性等级结合采用的具体产品，进行配置，使设计完成后的系统符合安全完整性等级的要求。

4.1.2　当多个安全仪表功能在同一个安全仪表系统内实现时，系统内的共用部分应符合各回路中最高安全完整性等级的要求。

条文说明： 无。

条文解释： 油气田工程中站场测控点数较少，一般整个站场共用一套逻辑控制器，大部分站场也有多个 SIF 回路共用 1 个执行元件的情况，在这种情况下共用部分应与 SIF 回路中最高的安全完整性等级一致。

如图 4-1 所示，该系统由三个 SIF 回路组成，其中 SIF1 的 SIL 等级为 1、SIF2 的 SIL 等级为 2、SIF3 的 SIL 等级为 3。三个回路共用一套逻辑控制器，则逻辑控制器应为 SIL 3。SIF1 和 SIF2 共用一个执行元件，则该元件应为 SIL 2。

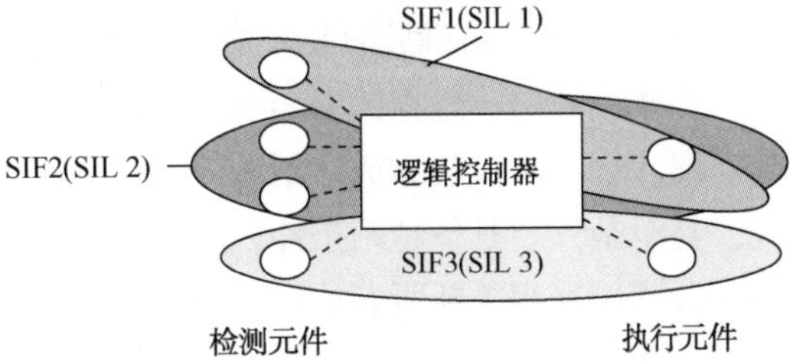

图 4-1　SIF 回路共用元件示意图

4.1.3　安全仪表系统不宜使用异地远程停车。

条文说明： 该条适用于多个站场组成的油气田 SCADA 系统中(各站场或其中部分站场设置 SIS 系统)，这些站场一般有相互连接的上下游管线，工艺过程相互关联，在一个站场出现重大事故时，为预防次生灾害，一般需要计划关停其他站场。如某一中间站场发生管线破裂，站场内压力变送器会检测到压力低低，自动触发安全逻辑关断相应紧急关断阀；这时在远端的调控中心也会收到该站场压力低低的报警，操作员可通过 SCADA 系统远程关停上下游站场，避免次生灾害的发生。在这个例子里，站场内压力低低是停车原因，导致站场内相关的切断阀关闭是停车结果，原因直接导致结果是个完整的紧急停车过程，整个停车过程在本地完成。而上下游站场的远程关停是个按计划关停的过程，这些站场并没有发生足以导致停车的事故，他们都是安全的，此时的关停是按计划进行的，所以不属于紧急停车。计划关停可最少的关闭甚至不关闭紧急关断阀，仅动作必须的工艺阀门即可，转动设备也可以缓慢关停，甚至是不关，比如对压缩机等旋转设备，可以通过关闭出口阀，打开回流阀，使压缩机处于低负荷或无负荷状态下运行。这样有利于流程再启动，减少停车时间和损失。

条文解释：该条符合SIS系统的就地控制原则，安全仪表功能应局限在所在站场，不宜进行远程关断。下面通过几个概念的辨析，举例说明。

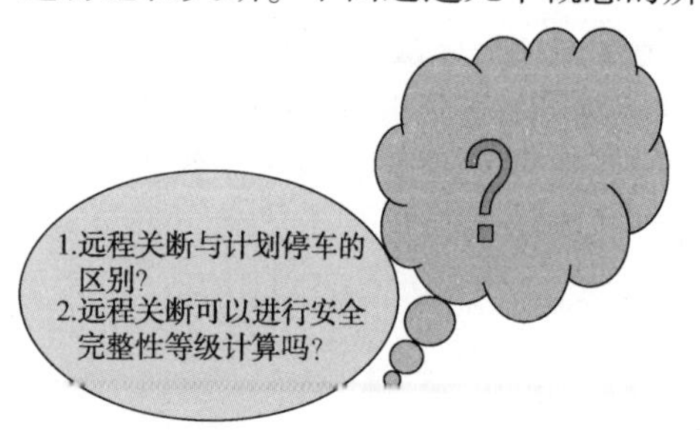

（1）远程关断与计划停车

远程关断是在远程发现站场有火灾、可燃气体泄漏或爆管等灾害事故时，由SCADA系统直接或通过主SIS PLC给远程站场SIS PLC发布关断命令，从远端关断事故站场的一种处理方法。一般远程关断执行后，整个站场会全部关断泄压，站场重新启动需人员到场，包括主流程关断阀的就地复位、启动条件就地确认、倒流程等，另外站场工艺重启也要耗费大量时间。

计划停车是根据预设定好的停车程序，隔离站场进出口(优先采用BPCS控制阀门关断)，缓慢关停站场设备(如加热炉停火后仍进行循环，待炉膛温度降低后再停循环泵等)。要是可以不关停站场设备则更好，如采用打循环或减量操作，维持最低的负荷运行，使整个站场处于待机状态。这样在站场重启时，可以尽量避免人员现场操作，减少工艺重启时间和难度。

如图4-2所示的串接站场中，三个集气站和三个阀室串接在主集输管道上，天然气最终送到气体处理厂进行处理。气田设置有SCADA系统对站场、阀室进行统一的监控与调度，如操作员发现3#集气站有火灾，需要远程关断，由于站内越站部分可能也受波及，主管道要全部切断。主管道切断后1#、2#集气站也应关停，否则会造成管道憋压，同时气体处理厂因为没有来气，也只能停产。但是由于1#、2#集气站和气体处理厂本身并没有发生事故，是受3#集气站事故波及才造成的停产，所以应按计划缓慢关停即可。这样对这些站场所做的操作应该是，远程关断3#集气站，按计划关停1#、2#集气站和气体处理厂。为了防止气体泄漏，也可远程关断或计划关停1#阀室，彻底截断管道。这样只要简单处理下3#集气站事故，甚至是只要具备越站条件，就可以重启1#、2#集气站，恢复气体处理厂生产。如果不管不顾一股脑地远程关断所有站场，可能造成站内设备损失不说，恢复生产时间也会大大延长。

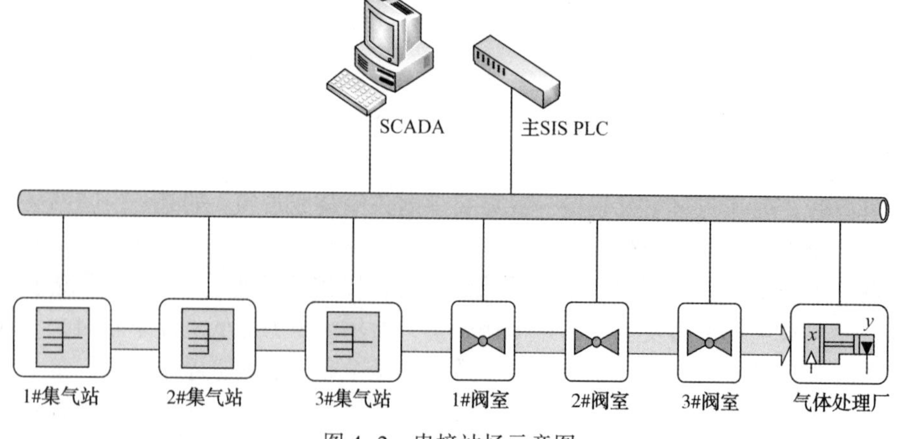

图4-2　串接站场示意图

（2）远程关断可以进行安全完整性等级计算吗？

SCADA 系统的远程关断有两种结构，SCADA 直接命令结构（图 4-3 SCADA 系统远程关断结构 1-直接命令结构）和主 SIS PLC 结构（图 4-4 SCADA 系统远程关断结构 2-主 SIS PLC 结构）。

在结构 1 中，由于 SCADA 到各站场 SIS PLC 间采用通信连接，是没有 SIL 认证的，因此以 SIS PLC 通信接口为分界线，之下是 SIS 系统，之上应是 BPCS 范畴，这样的结构做安全完整性等级计算也没有意义。

在结构 2 中，BPCS 和 SIS 分界应该在主 SIS PLC 与 SCADA 接口处，主 SIS PLC 与各站场 SIS PLC 间可以通过具有 SIL 认证的网络协议进行通信。但由于 SCADA 多是广域连接，主 SIS PLC 与各站场 SIS PLC 间的通信，除了通信协议是有认证的外，其他如路由器、网络交换机、电源、通信线缆等基本都没有 SIL 认证。所以采用这种结构是有可能进行安全完整性等级计算的，但计算不确定因素太大，基本很难完成。

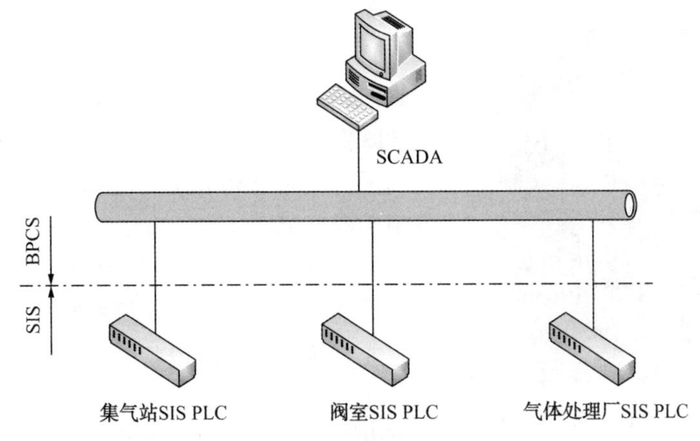

图 4-3　SCADA 系统远程关断结构 1-直接命令结构

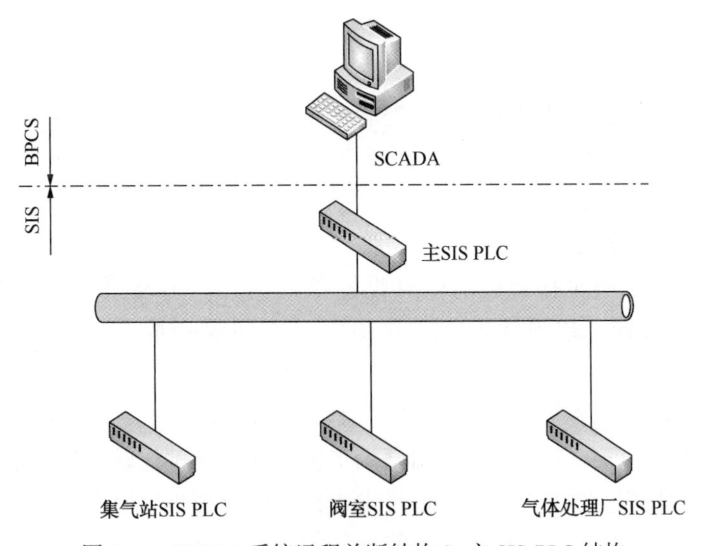

图 4-4　SCADA 系统远程关断结构 2-主 SIS PLC 结构

从上面分析可以看出，远程关断很难进行安全完整性等级计算，这也从另一个方面反证SIS系统应局限在就地，不易构建远程关断系统。现在通用的远程关断系统，只能算作BPCS范畴，是一种远程控制命令，基本无法进行安全完整性等级的计算和分配。

4.1.4 在安全仪表系统出现故障时，应有备用手段使最终执行元件回到安全位置。

条文说明： 在安全仪表系统出现无法工作的故障时，可以通过断电、直接远控或就地控制等手段使最终执行元件回到安全位置。如对失电安全/励磁回路而言，仅在机柜处断开机柜供电就可以将回路导入安全状态，此时拉下供电空开就是最简易的备用手段。而对得电安全/非励磁回路而言，断电无法使其回到安全状态，这需要现场手动操作。抵达现场困难的，还需增加备用或临时供电措施，辅助得电安全回路回到安全位置。

图4-5　带备用供电接口的罐区配电箱

条文解释： 安全仪表系统容易出故障的主要在人机界面（HMI），HMI瘫痪后，硬手操盘（详见8.4节）、现场的ESD按钮都是备用手段。尤其是硬手操盘，既提供关断按钮，又可以指示灯显示公共关断、火气报警，是HMI故障后对SIS系统进行基本监控的备用手段。见图4-5。

对得电安全/非励磁回路来说，需要配备更多的备用措施。备用电源、直接控制现场设备的手动关断按钮或直接切除转动设备的动力源都是很好的备用措施，在一些大型罐区，罐根阀的供电接线箱留有紧急供电电源的备用接口，也是备用关断措施之一。

4.1.5 超驰期间应符合下列操作防护规定：

1 超驰不应屏蔽信号的报警功能；

条文说明： 无。

条文解释： 超驰只是暂时封闭了停车逻辑的输入，不应也不允许屏蔽正常的报警功能，另外还应触发针对超驰的提醒报警。

2 超驰状态应重复报警；

条文说明： 重复报警是指在报警确认后，如相隔设定的时间后报警条件仍未消失，则系统会再次发出报警，直至报警被确认且报警条件消失。重复报警可以有效避免操作员遗漏或忘记重要的报警。超驰状态的重复报警时间间隔一般不超过2h，并需产生报警报告。

条文解释： 重复报警除了用于超驰报警，更常用于BPCS，主要是针对久久不能恢复的现场参数异常和设备报警。一般的油气田站场工艺参数变化都比较缓慢，需要操作员动作的不多，大部分操作员通过仅响应报警进行日常操作。即出现报警时，进行人工复核，确认报警，并进行相关处置。对一些较长时间不能恢复的报警，比如液位低、变送器损坏或漂移严重故障仪表等，在一次报警确认完后，不一定能完成报警处置，尤其是交接班后，新的操作人员可能会遗漏这些信息，可能会引发事故。重复报警可以在超出一定时间间隔(比如 8h)后再次报警，提醒操作人员处理，是一种很好的防止此类遗漏的技术手段。

3 超驰时间应限定；

条文说明：操作超驰和自动维护超驰限定时间一般不超过 1h，维护超驰一般不超过 8h。

条文解释：操作超驰主要是在工艺启动时使用，初始的超驰时间应由工艺技术人员模拟后确定，实际运行后，现场技术人员可以根据工艺运行情况进行调整。自动维护超驰也主要针对 PLC 模板故障的处理，这两项都不应有太长时间的延时，不然无法保证 SIS 系统的安全完整性，建议设定为 1h 之内。

维护超驰主要针对仪表/设备损坏或测试，重复报警延时时间最好不要超过一个班的时间(一般是 8h)。需要注意的是维护超驰超过时间后应报警，但不应自动触发关断。

4 传感器被超驰期间，应有备用手段或措施触发最终执行元件；

条文说明：无。

条文解释：请见本书 4.1.4。

5 应设置“超驰允许”硬开关，转到“正常”状态可解除所有超驰。

条文说明：无。

条文解释：详见本书 8.4.4。

4.1.6 可编程逻辑控制系统应具有系统硬件和软件的诊断、测试功能。

条文说明：可编程逻辑控制器可实现系统自诊断和回路诊断测试，可编程逻辑控制器能对控制器自身和 I/O 卡件进行自诊断，在出现故障时报警。在电气连续的回路，如失电安全回路、变送器回路等，SIS 系统使用常规模板即可诊断回路的开路及仪表的超限状态；在电气不连续的回路，如得电安全回路，则需要在仪表端设置终端电阻，并选用具有短路和断路诊断功能的卡件，实现回路的开路和短路故障检测。检测到这些故障后系统应立即报警提醒操作员处理，同时可执行自动维护超驰操作，短时间隔离故障，减少不必要的停车。执行自动维护超驰操作需注意：

1 需是有人值守站场；

2 需在 BPCS 上报警；

3 自动维护超驰操作需有时间限制，延时时间一般不超过 1h，超出设定延时时间后，如故障不恢复或未检测到手动维护超驰，应自动撤销，此时可能导致系统停车。

条文解释：SIS 系统的自诊断措施非常丰富，下面介绍三个常用诊断手段：

(1) 看门狗(Watchdog)

SIS PLC，或所有控制器最常用的诊断手段是看门狗，逻辑如图 4-6 所示。除了监测电源和内存错误外，还在执行程序外对程序执行时间进行监测，程序运行时间过短(比如-10%)或过长(比如+10%)都会自动对程序进行复位，避免程序死循环或其他意外。

(2) 诊断脉冲测试

图 4-7 显示的是一个 2oo4D 输出模板的电路逻辑图，其中主要的控制器件是四个红色的晶体管(一般是三极管或 CMOS 管，由基极、源极和漏极三个管脚，基极加电后，源极和漏极导通，电磁阀得电)。在励磁回路里，这些晶体管都是加电导通的，为了诊断这些晶体管是否有故障，CPU 会通过定期发送诊断脉冲的方式进行测试。由于是励磁回路，测试脉

冲设计成负脉冲，即给晶体管基极暂时断电，从状态回读中判断晶体管是否关闭了，如果关闭了就是正常，否则就是故障。由于这个测试脉冲非常窄(脉冲宽度毫秒级)，所以不会造成电磁阀的实际失电。

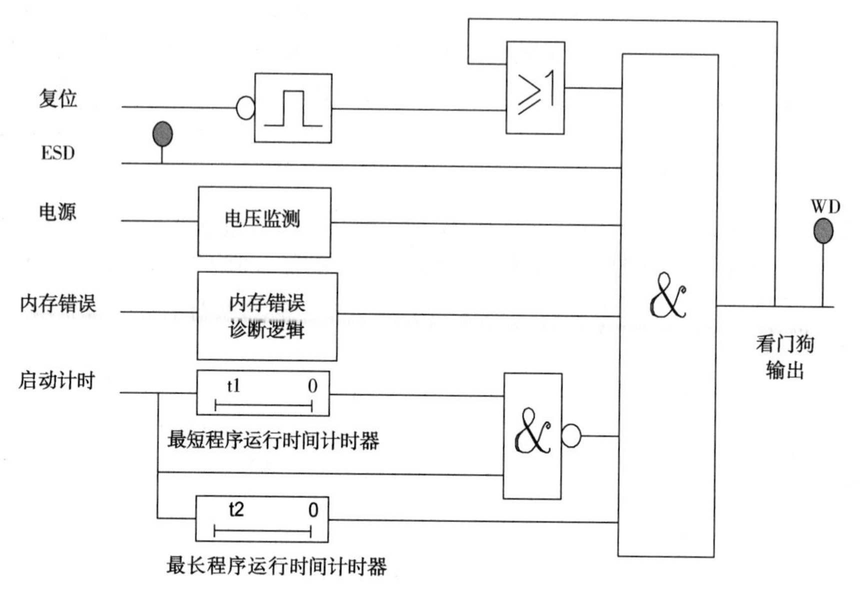

图 4-6　看门狗逻辑图

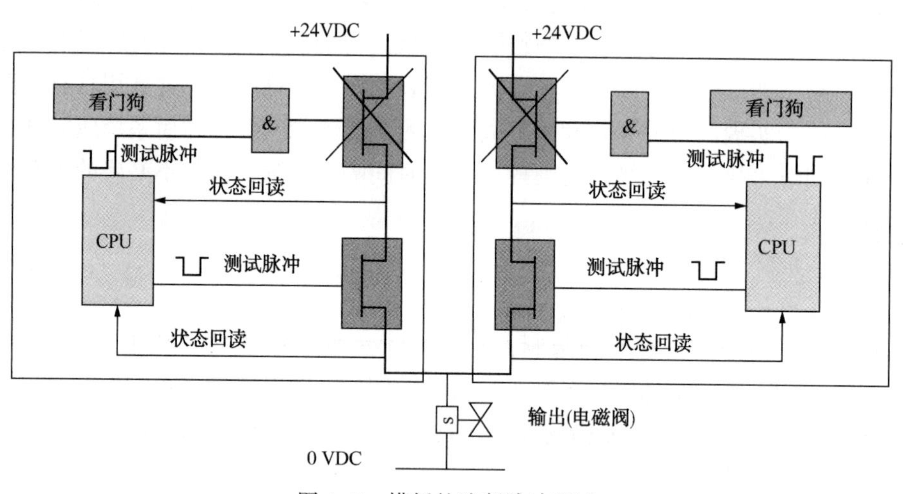

图 4-7　模板的诊断脉冲测试

(3) 加终端电阻的外回路诊断

图 4-8 是个很典型的加装终端电阻的回路，在手动报警按钮内并联 1 只电阻 R1、串联 1 只电阻 R2，用 AI 模板可以代替 DI 模板实现带回路诊断的数字量输入(有些厂家采用具有外回路诊断功能的 DI 模板，其原理也类似)。如表 4-1 所示，在开路、正常、报警和短路 4 种状态下，AI 模板检测到的电流值不同(计算时忽略了模板内阻，一般只有 250Ω 和线缆电阻)而且有明显区别，这样就可以判断出连接电缆是否有开路和短路故障。

同样将正常值和报警值互换下，就可以检测常闭按钮，如 ESD 按钮。

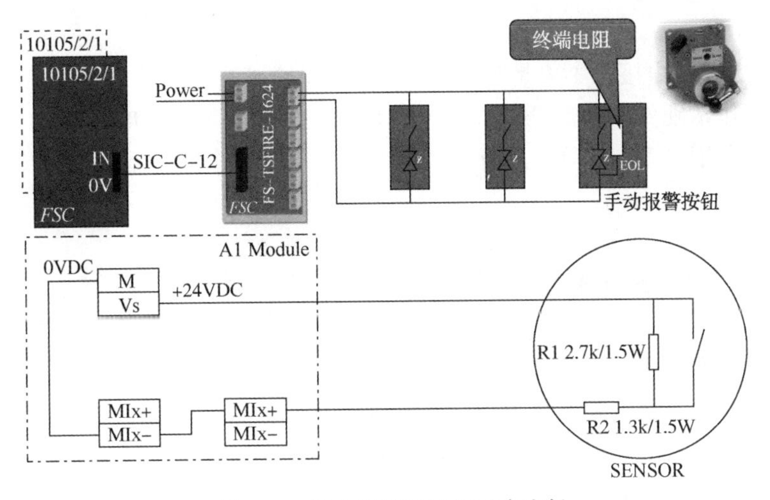

图 4-8　手动报警按钮的回路诊断

表 4-1　诊断回路电流值

状态	公式	电流/mA		
		$U=18$V	$U=24$V	$U=30$V
开路		0.00	0.00	0.00
正常	$U/(R1+R2)$	4.50	6.00	7.50
报警	$U/R2$	13.85	18.46	23.08
短路		超量程	超量程	超量程

4.2　系统组成

4.2.1　安全仪表系统应包括检测元件、逻辑控制单元、执行元件及附属元件。

条文说明： 附属元件主要是指硬手操盘、模拟显示屏等辅助操作设备，线路上的继电器、隔离栅、防浪涌器、电阻，供电设备等。其中硬手操盘是由一系列按钮、开关、信号报警器及信号灯等组成，与控制器和或执行元件硬线连接，可独立于基本过程控制系统，完成最基本的紧急停车、火气消防操作与报警指示。

条文解释： 附属元件是本规范增加的，详细说明请见第 8 章。

4.2.2　安全仪表系统的结构应符合图 4.2.2 的要求。

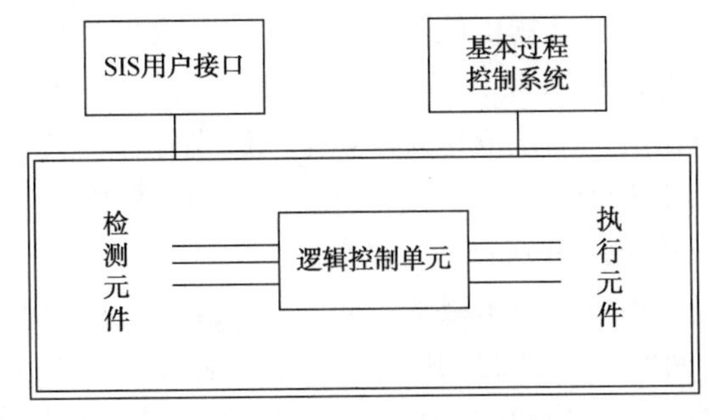

图 4.2.2　安全仪表系统的结构图

注：双划线内的部分为安全仪表系统的组成部分。

条文说明：无。

条文解释：SIS 用户接口主要是 SIS PLC 的操作员或工程师工作站，除了部分软件有 SIL 认证外，包括工作站硬件和大部分软件都没有认证，所以不作为 SIS 系统的一部分。SIS 的显示、操作和数据记录宜与 BPCS 进行紧密集成，以 BPCS 作为统一的操作界面，这部分也不属于 SIS 范畴。

4.3 紧急停车(ESD)功能

4.3.1 ESD 应是安全仪表系统的主要功能。

条文说明：有时安全仪表系统也被称作紧急停车系统。

条文解释：ESD 是 ESD(Emergency Shutdown 紧急停车)、PSD(Process Shutdown 过程停车)和 USD(Unit Shutdown 单元停车)的统称，它是 SIS 系统的一项主要功能。在国际工程中，通常还会把火气报警、消防控制等组成的 FGS 系统也作为 SIS 系统的一部分，但 FGS 系统一般不做 SIL 定级。

4.3.2 ESD 停车级别应根据故障的性质、工艺要求和火气系统设置确定，高级别应自动触发低级别停车。

条文说明：停车级别一般分为如下四级，见表 4.3.2。

表 4.3.2 ESD 停车级别

停车级别	名 称	触发原因	停车结果
ESD-0	弃厂	火灾、爆炸等无法挽回的事故	关断所有紧急关断阀，打开所有紧急放空阀，断开现场供电，延时断开 UPS 供电
ESD-1	泄压停车	火灾、可燃气体泄漏、爆管等重大事故	关断所有紧急关断阀，打开所有紧急放空阀，宜断开现场供电
PSD	过程停车	影响主工艺生产的故障	工艺过程停车，关断所有紧急关断阀和相关的转动设备
USD	单元停车	单台设备或不影响主工艺流程的单列设备故障	关断事故区域单台设备或单系列设备，关断相关紧急关断阀和转动设备

ESD 是紧急停车(ESD)、过程停车(PSD)和单元停车(USD)功能的统称，这些功能根据重要性和影响范围由高到低排序即为停车级别。停车级别会随站场、工艺条件和火气等安全设施的设置不同而不同，如有的站场可能只有一级 ESD、有的站场可能没有 USD 等。

条文解释：有些设计院喜欢用 ESD 1、ESD 2、ESD 3 和 ESD 4 表示四级停车，这样在一些国际工程中容易造成误解。本规范建议遵从不同级别停车的英文原意，根据重要程度分为 ESD、PSD 和 USD。其中 ESD 专指需要泄压关断的最严重停车、PSD 是指需要全场关断但不需要泄压的停车、USD 是指单元或单列停车。

另外很重要的一点是，不应把停车级别等同于 SIL 等级。每个级别停车可能包括 1 个或多个 SIF 回路，每个 SIF 回路有自己的 SIL 等级。有些停车级别比较高的回路，如 BDV 回路，其 SIL 等级不一定最高。因此不要将两个概念等同使用或混用。

停车级别 ≠ SIL等级

4.3.3 ESD不应采用串级停车逻辑。

条文说明： 串级停车逻辑指由一个停车结果触发另一停车，如由一个紧急关断阀的关闭到位作为停车原因，去触发上游紧急关断阀的关断。

条文解释： 紧急停车逻辑应是确定的，即由确定的停车原因导致确定的停车结果，任何通过不确定的中间环节触发停车均应尽量避免。如图4-9所示的简化流程中，一段工艺流程进出口设有紧急关断阀(SDV-2001/5001)，流程还设有紧急泄放阀(BDV-3001)。

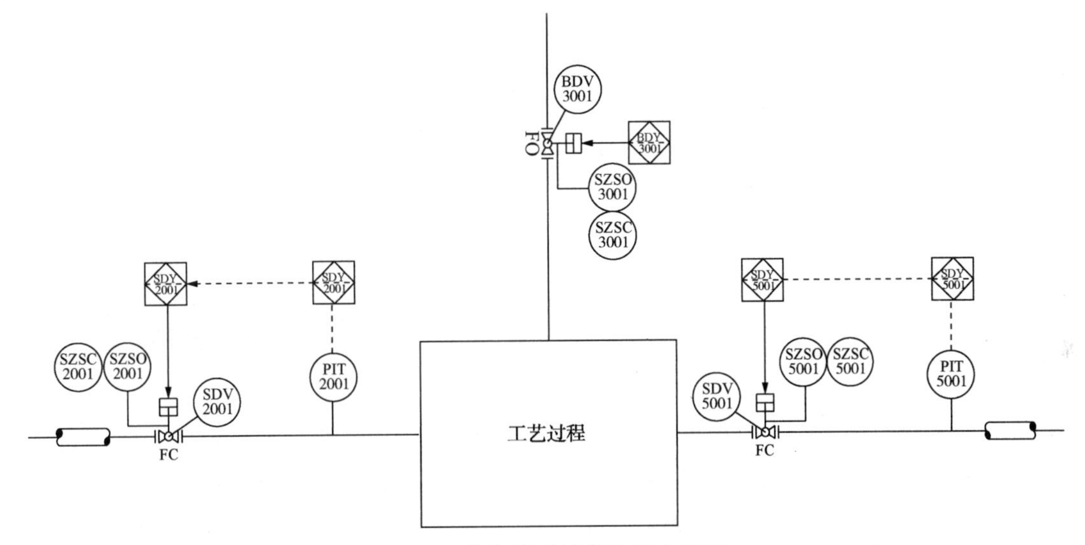

图4-9 停车带泄放的简易流程图

在设计该流程的关断和泄压逻辑时，有的设计院为了减少泄放量，按图4-10串级停车逻辑图设计，BDV-3001的泄放要等进口的紧急关断阀SDV-2001完全关闭，即接收到SDV-2001全关信号后才打开BDV泄放。采用这样的串级逻辑会存在较大风险，如果SDV-2001的行程开关故障，BDV-3001就一直无法泄放。如果周围有火灾发生可能会触发容器超压爆炸，更可怕的是，如果物料出口的SDV-5001已关闭，而物料进口的SDV-2001卡堵未能完全关闭，这时BDV-3001无法打开，会发生容器超压或溢流的风险。

正确的做法应该是关断SDV-2001和SDV-5001，同时打开BDV-3001。这时虽然泄放量稍大(SDV关断速度一般较快，增加泄放量不大，BDV也应按全泄放负荷计算)，但能最大程度保证工艺安全。

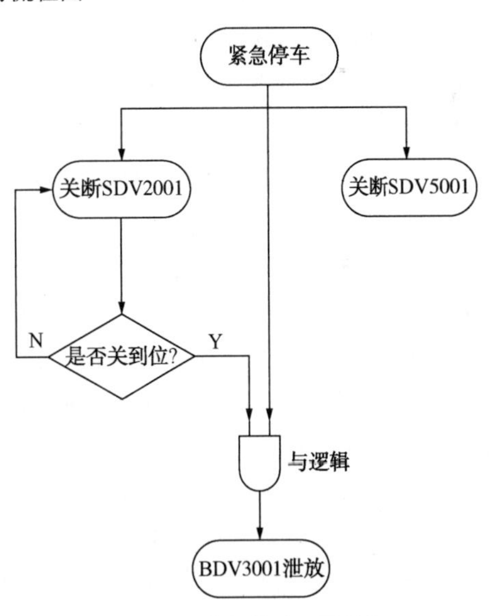

图4-10 串级停车逻辑图

4.3.4 关断执行后，相关联的非SIS设备宜联锁动作到安全位置。

条文说明： 相关的非SIS设备一般指与被关断设备流程上有关联的调节阀、开关阀、转动设备等，这些设备一般由BPCS控制。如在一座油罐出口设置一台紧急关断阀和一台调节阀，分别由SIS和BPCS控制。在紧急关断阀关断时，调节阀也应联锁关闭；在故障解除、复位后，紧急关断阀会迅速全开，由于调节阀此时还是关闭状态，可在BPCS控制下慢慢开启，避免停车复位后对下游流程产生较大的冲击。

要实现该功能，推荐做法是紧急关断阀的开关状态直接由BPCS采集，在BPCS中完成联锁控制。

条文解释：本规范建议紧急关断阀的阀位反馈信号接入BPCS系统，由BPCS完成对应的调节阀、开关阀或转动设备的联锁关闭或关停。图4-11是一个示例，请参考。

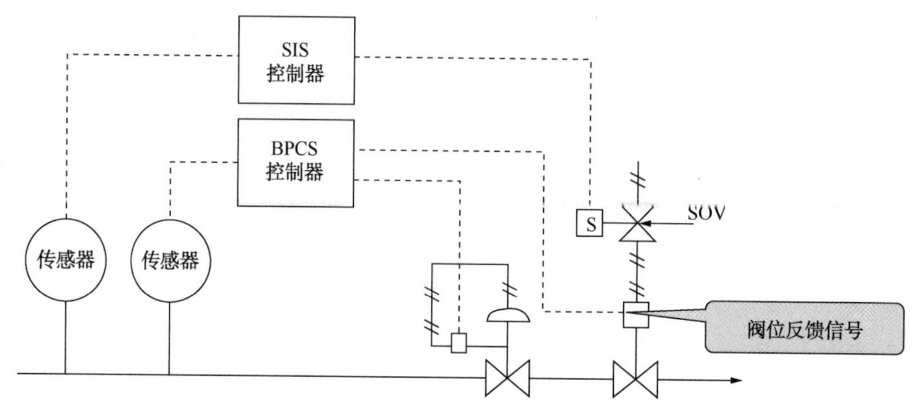

图4-11　SDV与调节阀联锁示意图

4.3.5　具有ESD功能的安全仪表回路宜为励磁设计，如采用非励磁设计，应对风险进行严格评估，并应满足以下要求：

1　回路应为SIL 2及以下。

2　非励磁回路电缆连接应冗余且宜采用不同路由敷设；逻辑处理单元应冗余，应采用并联结构的冗余I/O模板；检测元件宜冗余，冗余时应采用1oo2结构；执行元件的电磁阀、继电器等宜冗余，冗余时应采用1oo2结构。

3　非励磁回路及相关的供电回路应进行回路诊断。

4　非励磁回路应采用UPS供电，SIS应监视UPS主机及电池状态。

条文说明：现行国家标准GB/T 50770《石油化工安全仪表系统设计规范》中规定安全仪表系统应采用励磁（失电安全）回路，但IEC 61511 part1 Framework，definitions，system，hardware and software requirements允许采用非励磁（得电安全）回路，条文如下：

11.2.11　For subsystems thaton loss of power do not fail to the safe state，all of the following requirements shall be met and action taken according to 11.3：

对于失电不转入安全状态的回路而言，应满足下列要求并根据11.3采取措施：

-loss of circuit integrity is detected（for example，end-of-line monitoring）；

-应做线路的完整性诊断（例如采用终端电阻监视线路故障）；

-power supply integrity is ensured using supplemental power supply（for example，battery back-up，uninterruptible power supplies）；

-应设置后备电源保证供电的完整性（例如设置后备电池或UPS）

-loss of power to the subsystem is detected.

-应设置子系统断电检测。

而实际设计中确有非励磁回路存在，如大型机泵停车开关，有些开关柜必须给电后跳闸；有些回路因失电故障导致错误停车本身就会对所保护设备造成较大损坏，如离心式压缩机。这些回路如果采用非励磁回路仍能满足 SIL 等级要求，可采用非励磁回路。

本条第 1 款：需要非励磁设计回路的执行元件一般是电动执行机构、电气开关柜等，这些都是典型的 A 类元件且大部分均没有 SIL 认证，根据表 3.2.5-1 的要求，如果是 SIL3 回路，执行元件至少需要冗余设计(HFT 至少为 1)，而大型开关柜、电动执行机构极少能做冗余，也就无法满足硬件结构性约束要求，故 SIL3 回路不能按非励磁设计。

本条第 2 款：励磁回路如电缆断开或短路都会导致停车，所以电缆连接故障可不计入 PFD。非励磁回路电缆连接故障是整个回路最大故障源且不好估算 PFD，因此本规范要求电缆采用冗余连接、逻辑单元冗余、检测元件和输入元件的控制执行部分冗余且采用 1oo2 结构，这样设计时可忽略电缆的连接故障。

本条第 3 款：回路诊断要求回路的电气连接应连续，在回路断开处，如正常情况下打开的开关或触点，应有不影响回路功能的连接措施，常见的是增加终端电阻。

本条第 4 款：主要是指对电动阀等终端执行元件需要采用 UPS 供电。

条文解释：该条条文说明已经讲得比较清楚，再补充几点。

(1) 关于第 2 款的补充说明

本款中电缆冗余指的是信号电缆，为什么不是设备的供电电缆呢，如果设备电源丢失了，不是照样无法关断吗？主要是因为供电冗余比较难以实现，以电动阀为例，一般只允许接入一个电源，电源接口和端子只有一组，加上供电电缆一般比较粗(至少 $4mm^2$)，即使是引入两组同相的双回路电缆，在一组端子上并接也容易出现问题。因此本规范不强调供电电缆的冗余，供电的完整性靠后备电源和供电回路故障检测解决。

本款没有强调检测元件一定要冗余，是因为目前大部分检测元件是智能变送器，智能变送器的诊断覆盖率和可靠性都比较高，可以根据回路的完整性等级要求决定是否冗余。对于开关或触点型的输入元件，如压力开关、液位开关等，这些开关诊断覆盖率较低，而且输出可以采用 DPDT 双触点输出，在不增加仪表的情况下就可以输出两组信号，所以建议采用两条电缆连接。

非励磁回路的 1oo2 是指收到任一条触发关断的信号都去执行，但线路故障只触发报警提示操作人员处理，不触发关断。

(2) 供电线路故障检测

可采用以下两种手段对供电线路进行检测：

1 在供电回路增加监视继电器；

2 利用设备自身报警。

如图 4-12 所示，通过在供电回路开关之下并接一只继电器的方式，可以检测供电回路的电源供给是否正常。在电源正常且空开(MCB)闭合时，继电器会吸合，继电器常闭触点就会断开，这时 PLC 不报警。一旦电源出问题或空开跳闸，继电器失电，常闭触点闭合，PLC 会发出供电失效报警。

利用设备自身报警主要是通过将设备自身报警触点引入系统实现，如电源的故障报警触点、电动阀的供电失效报警等。图 4-13 摘自某品牌电动执行机构的说明书，可见在“单相或多相掉电”时能输出报警触点，引入这个信号到 BPCS 报警即可。

请注意这些报警属于过程监测报警，应接入 BPCS 。

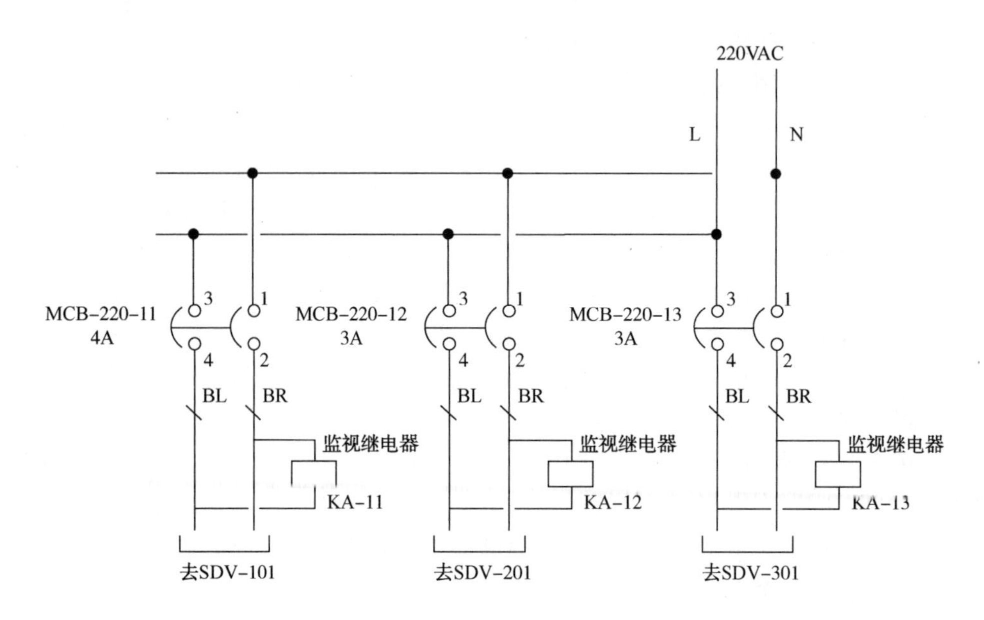

供电回路检测报警

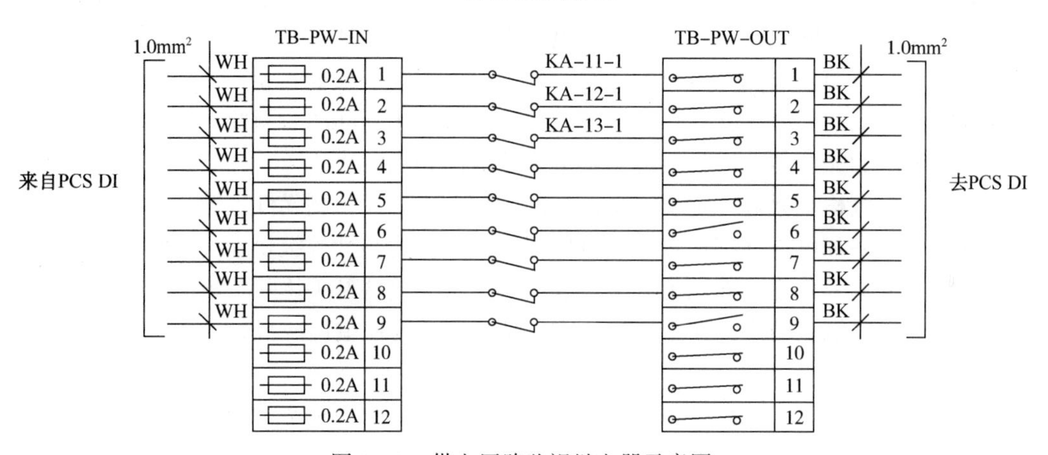

图 4-12　供电回路监视继电器示意图

对供电监视一般在执行元件端，如配置监视继电器

所配置的一个无源、可反转的独立继电器，可用来监视执行器的电气特性。触点容量为5mA~5A、120V AC或30V DC。

下列任何一种或多种情况发生时，继电器将断开：

- 单相或多相掉电
- 控制电路电源故障
- 选择就地控制
- 选择就地停止
- 电机温度保护器跳断

图 4-13　电动执行机构报警输出触点

4.3.6 紧急停车按钮和输出信号不应设置维护超驰。

条文说明：除停产检修外，紧急停车按钮和最终执行元件，如紧急关断/放空阀等，不应被超驰或旁路。其他检测元件宜设置维护超驰开关，方便检测元件的维修和测试。

条文解释：紧急停车按钮(ESD 按钮)是人工发现重大事故或逃生时触发的重要按钮，同时也是 HMI 瘫痪后触发 SIS 的备用手段之一，不应被超驰。

SIS 控制器对执行元件的输出也不能设置超驰，如果设置了，超驰期间发生停车，被超驰的执行元件无法动作，会造成停车失败。

4.3.7 影响工艺过程启动的输入信号应设置操作超驰开关，应根据工艺要求设置操作超驰延时时间，工艺过程正常或延时结束后，应自动解除操作超驰。

条文说明：无。

条文解释：操作超驰与维护超驰最大的区别是要设置操作超驰延时时间，如果在延时时间内工艺过程参数恢复正常，即相应参数的低低报警消除后，自动解除操作超驰，恢复正常关断逻辑。如果延时时间过后参数仍不正常，即仍存在低低报警，也会自动解除超驰，但同时会立即触发停车。

4.3.8 逻辑重启前应先复位。

条文说明：逻辑动作，如停车执行后，逻辑不应自动重启，应先复位，复位方式有如下三种：

1 自动逻辑复位：非主流程上的单元级停车，如容器液位低低停车，在液位恢复后，可自动逻辑复位；

2 手动逻辑复位：除自动逻辑复位外，必须先在 HMI 和或硬手操盘上手动复位，安全逻辑才能重启；

3 就地手动复位：紧急放空阀、重要流程上的切断阀、转动设备、现场锁定手动按钮(如 ESD 按钮)应就地手动复位。

条文解释：

(1) 自动逻辑复位

现在有个普遍错误的认识是**所有紧急关断阀必须就地复位**，其实应该是主流程上和关断级别比较高的紧急关断阀才需要就地手动复位，一些非主流程上的单元级关断没有必要就地复位。主流程或关断级别比较高的紧急关断阀关断，一般动作时事故较大，需要就地确认现场是否安全、设备和流程是否有损坏，应做就地的手动复位确认。非主流程的低级别关断，一般事故相对较小，复位时也不会对工艺流程造成较大冲击，可以执行自动复位，这样即减少了现场工作量，又有利于工艺的连续运行和快速恢复。

如图 4-14 所示，在燃料分离器液位低低时(PALL-806，USD 停车)会触发分离器排液口 SDV-806 关断，避免下游串气。在罐底液位恢复后，就可以自动复位该关断，由于下游还有关闭的调节阀(液位低时应关闭，且 SDV 关断时也应联锁调节阀关闭)，SDV 突然打开不会引起罐底液位外排。因此不存在任何风险，该停车逻辑可自动复位。

(2) 手动逻辑复位

所有不能自动复位的停车逻辑必须手动复位，即停车后所有输出均锁定在安全位置上，即便是停车原因已经不存在了，执行元件和逻辑也不会自动恢复。必须要先按硬手操盘或 HMI 上的复位按钮后，停车逻辑才会重启，就地执行元件才可以解除关断/停车状态(励磁回

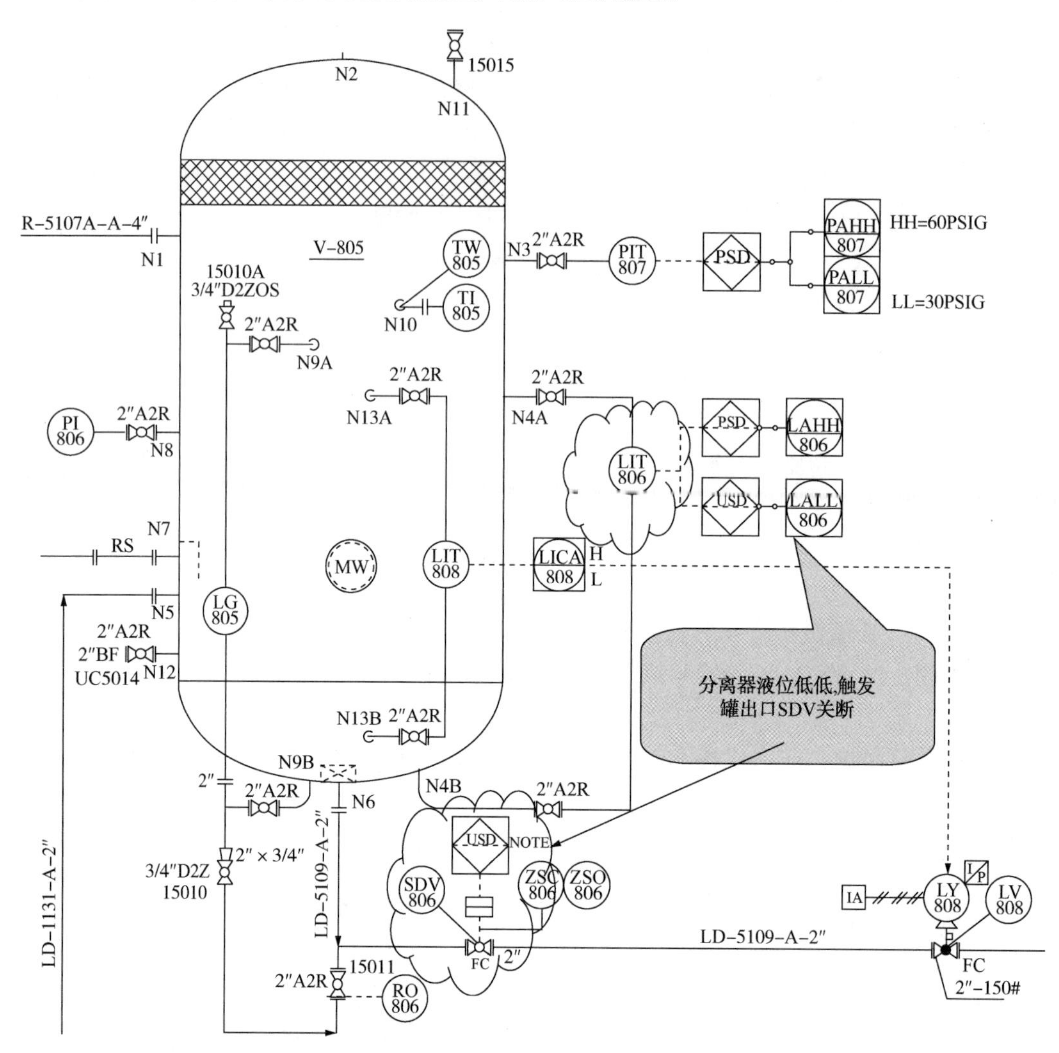

图 4-14　燃料气分离器 P&ID 图

图 4-15　可就地复位的气动 SDV 阀

路是得电/高电平，非励磁回路输出转为低电平）。这时现场设备还不会动作，需要就地手动复位，如主流程上的紧急关断阀此时只是具备打开条件，需要就地手动按复位按钮后阀门才能动作打开。

（3）就地手动复位

SDV/BDV 的就地复位按钮一般是气路的附件，需有防误触保护，比如某品牌电磁阀上带有一个可由下向上顶的按钮。如图 4-15 所示，SDV 开启首先必须经过上述第（2）部分的手动逻辑复位，SDV 电磁阀加电，这时气路仍未导通。需要操作人员现场向上顶开电磁阀上复位按钮，气路才能打通，SDV 阀打开。同样，如果电磁阀未加电，就地复位也不会起作用。

5 检测元件

5.1 独立原则

5.1.1 SIL 1 回路的检测元件可与基本过程控制回路共用。

条文说明： 如果安全仪表系统和基本过程控制系统合建，SIL1 回路的检测元件可使用一台仪表及一条信号传输线路；如果两套系统独立设置，也可以使用一台仪表，如果仪表可输出两个信号，则应通过分别的信号传输线路进入两套系统，如果仪表只能输出一个信号，信号应先接入安全仪表控制系统后，再分享给基本过程控制系统。

条文解释： 请注意本条表示严格程度的用词是“可”，在标准用词说明里对“可”的描述是“表示有选择，在一定条件下可以这样做的，采用‘可’”。因此 SIL 1 回路与 BPCS 共用检测元件是无奈之举，可能是安装位置不足或经费限制，如果条件允许应尽量分开设置。

5.1.2 SIL 2 回路的检测元件宜与基本过程控制回路分开设置。

条文说明： 无。

条文解释： 如图 5-1 所示，过滤器设置两台液位变送器，其中 LIT-206 接入 BPCS 控制调节阀 LV-206，LIT-207 接入 SIS 控制 SDV-207 关断。如果条件允许这两台液变送器量程尽量一致，可通过 BPCS 的多值比较功能进行液位变送器的故障诊断(详见本书 9.2.4)，提高可靠性。

5.1.3 SIL 3 回路的检测元件应与基本过程控制回路分开设置。

条文说明： 无。

条文解释： SIL 3 回路的检测元件除了与 BPCS 系统分开外，多还采取 1oo2 冗余甚至是 2oo3 的形式设计。

5.2 冗余原则

5.2.1 检测元件的冗余应根据 3.2.5 要求的硬件结构约束进行设计。

条文说明： 无。

条文解释： 安全仪表系统 SIL 等级的衡量指标不仅仅只有“失效概率”，还应满足“硬件结构约束要求”“系统失效避免及控制要求”和“软件要求”。其中“硬件结构约束要求”是一个非常重要的指标，可以指导进行安全仪表功能回路的结构设计和冗余设计。本规范建议优先按照硬件的结构约束计算结果作为元件是否冗余的依据，如无相关数据，可按本节其他规定进行设计。

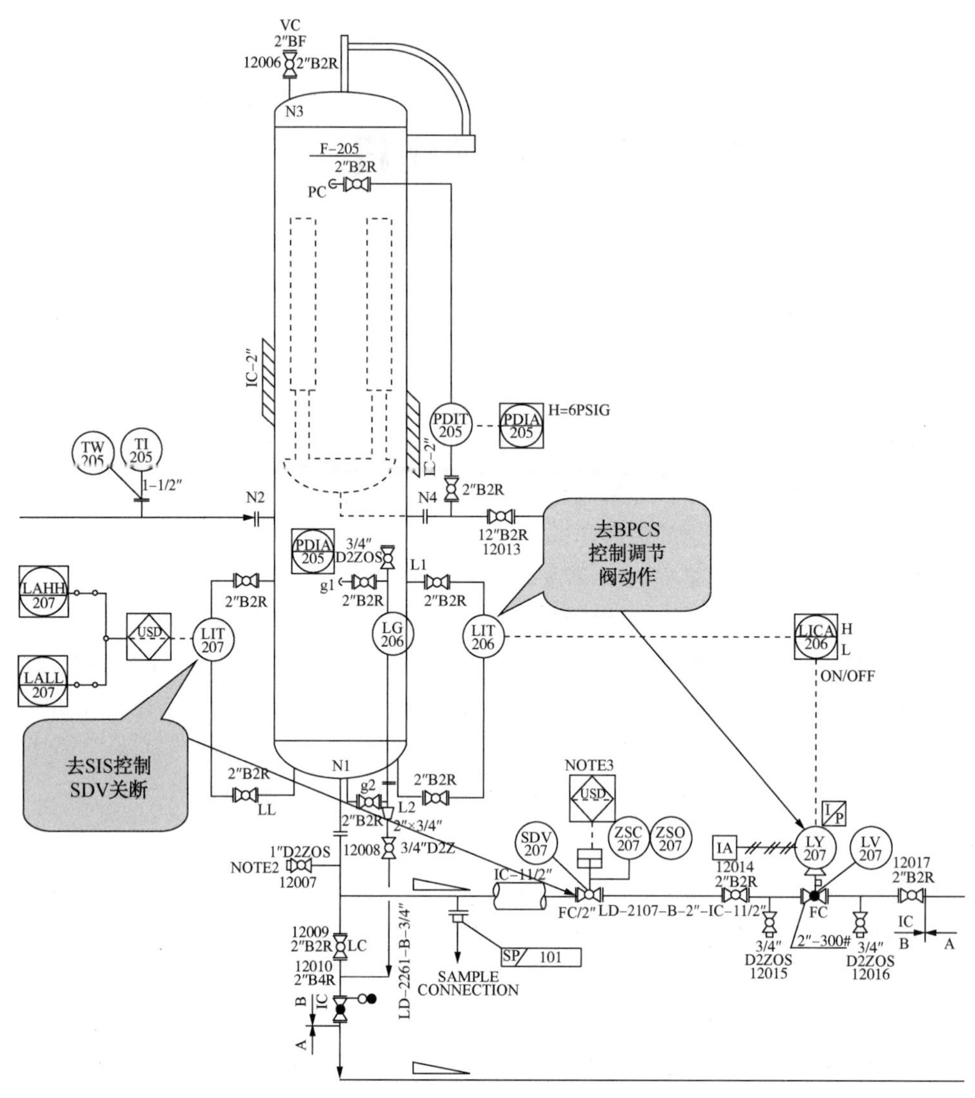

图 5-1　过滤器 P&ID 图

5.2.2　当缺少失效数据时，应满足下列要求：

1　SIL 1 回路的检测元件，可采用单一的检测元件。

2　SIL 2 回路的检测元件，宜采用冗余的检测元件。

3　SIL 3 回路的检测元件，应采用冗余的检测元件。

条文说明：目前多数仪表无法提供失效概率数据，可根据经验使用原则，在有证据证明其在实际使用中有足够的安全完整性时，就可以选用，但应满足本条规定的冗余要求。另外由于 SIL 认证仪表满足相应认证等级的安全失效分数，在选用具有 SIL 认证的仪表时，可不按本条的冗余要求执行，如在 SIL 3 回路中，选择单台具有 SIL 3 认证的仪表一样可以满足回路的安全完整性要求。

条文解释：参见 3.2.5，该条是对没有 SFF 数据的元件按以下假设进行的推荐配置：

1　A 类元件，如机械式流量计、开关等的 SFF 为<60%或 60%～<90%；

2　B 类元件，如智能变送器、智能流量计等的 SFF 为 90%～<99%。

5.2.3 既兼顾可靠性又要兼顾可用性的场合，宜采用2oo3结构。

条文说明：无。

条文解释：1oo2(二取一)、2oo2(二取二)和2oo3(三取二)是常见的几种冗余形式，图5-2是以继电器触点为例，对这几种冗余(其中1oo1是不冗余，作为对照)形式进行了近似计算。以下根据该图进行讨论。

这里示意的输入元件是继电器触点，采用励磁回路设计，即正常加电闭合，动作或停车时断电断开。先假定1oo1，即不冗余的设备失效概率。其中安全失效是继电器在加电状态下，触点误打开，引发误停车的概率。误停车后系统恢复到安全状态，所以是安全失效。假定安全失效率是0.02，也就是每年会发生2%的误停车概率，50年会发生1次误停车。

如果继电器触点粘连，继电器失电需要动作时打不开(拒动)，系统无法回到安全状态，这是危险失效。假定危险失效率为0.01，也就是每年会发生1%的拒动概率，100年会发生1次拒动(无法停车)。

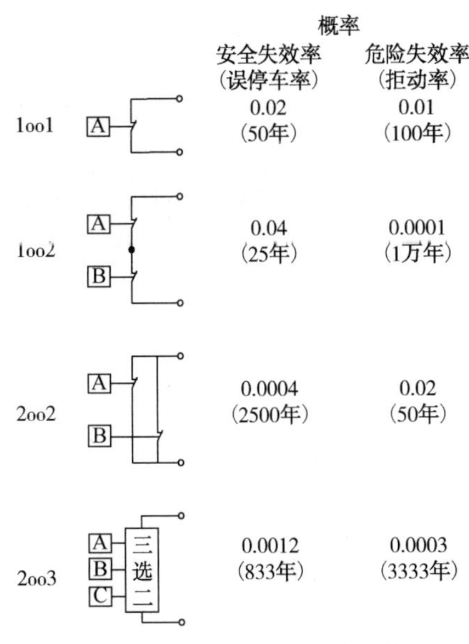

图5-2 冗余元件失效概率计算

安全失效或误停车概率越小代表可用性越高，危险失效或拒动率越小代表可靠性越高。

(1) 1oo2(二选一)冗余

1oo2是两个继电器串联，任一个触点断开都可以完成停车，两个触点都粘连才能造成拒动。所以误动率应是1oo1的两倍，即0.04(25年)；拒动率应该是1oo1的平方，即0.0001(1万年)。

从数据看1oo2架构非常安全，可靠性高；但误动率太高，可用性低，严重影响生产的连续性。实际站场运行中，业主非常不喜欢这种架构。

(2) 2oo2(二选二)冗余

2oo2是两个继电器并联，这是常规意义上的冗余。两个触点都断开才能完成停车，一个触点粘连就造成拒动。所以误动率应是1oo1的平方，即0.0004(2500年)；拒动率是1oo1的2倍，即0.02(50年)。

从数据看2oo2架构非常不安全，可靠性低；但误动率最低，可用性最高，保障生产的连续性最好。实际站场运行中，业主最喜欢这种架构，但可靠性堪忧。

(3) 2oo3(三选二)冗余

2oo3是三个继电器表决，两个或三个输出是整个逻辑的最终输出值，即两个或三个同为接通(1)时，表决逻辑输出为接通(1)；两个或三个同为断开(0)时，表决逻辑输出为断开(0)。

任两个触点(A+B、A+C或B+C)断开才可以完成停车，任两个触点(A+B、A+C或B+C)粘连才能造成拒动。所以误动率应是2oo3的三倍，即0.0012(833年)；拒动率应该是1oo3的三倍，即0.0003(3333年)。

从数据看2oo3架构非常均衡，即保证了可靠性，又兼顾了可用性。但2oo3投入最高，实际站场运行中多用于关键参数的设计，如站场进出管道的压力检测(图5-3)。

图 5-3 进站管道 2oo3 压力检测设计

(4) 综述

从以上简单计算可以得出，可靠性由高到低应为：1oo2>2oo3>1oo1>2oo2，可用性由高到低应为 2oo2>2oo3>1oo1>1oo2。因此在冗余选择时，如果注重可靠性时应选择 1oo2 结构，如果注重可用性是应选择 2oo2 结构，如果兼顾可靠性和可用性应选择 2oo3 结构。

5.3 选型与安装

5.3.1 检测元件宜选用模拟量仪表。

条文说明：无。

条文解释：模拟量仪表是指 4~20mA 或 1~5V 标准信号输出的变送器，根据输出信号的变化可以初步判断仪表、线路，甚至是控制系统功能的可用状态。比如通过信号是否超量程，可以判断仪表是否故障；通过信号是否丢失，可以判断线路是否故障；通过信号是否变化，可以判断控制器输入模板是否故障或数据库点是否停止扫描等系统故障。

虽然普遍变送器比数字量仪表价格高，但变送器优势突出，应该是 SIS 系统优先选择。其优势主要体现在：

- 诊断覆盖率高，如选择智能仪表会更高；
- 安全和危险失效率更低；
- 精度和可重复性高；
- 单块变送器可取代多个检测开关；
- 提前知道故障原因，减少仪表维修时间；
- 相同位置的多台变送器可进行多值比较，可提前预判仪表故障。

因此目前基本所有与安全仪表系统相关的标准规范均推荐采用模拟量仪表作为检测元件的首选。

5.3.2 模拟量仪表宜选用 4~20mA 带 HART 协议的智能仪表。

条文说明：智能仪表较普通仪表可以提供更多诊断功能，可通过附加的通信协议，如 HART 协议，定期对智能仪表进行在线检测，提高仪表的可用性和可维护性。见图 5-4。

条文解释：通过 HART 协议可以监控仪表的健康状态，可以对传感元件故障、引压管堵塞、变送器功能失常、超量程、数据不变化等故障进行报警，配合相关的管理软件还可以进行仪表的预防性维护。在采用以上手段后，据有关资料统计，仪表的诊断覆盖率大约能增加 20%，达到 90%以上。

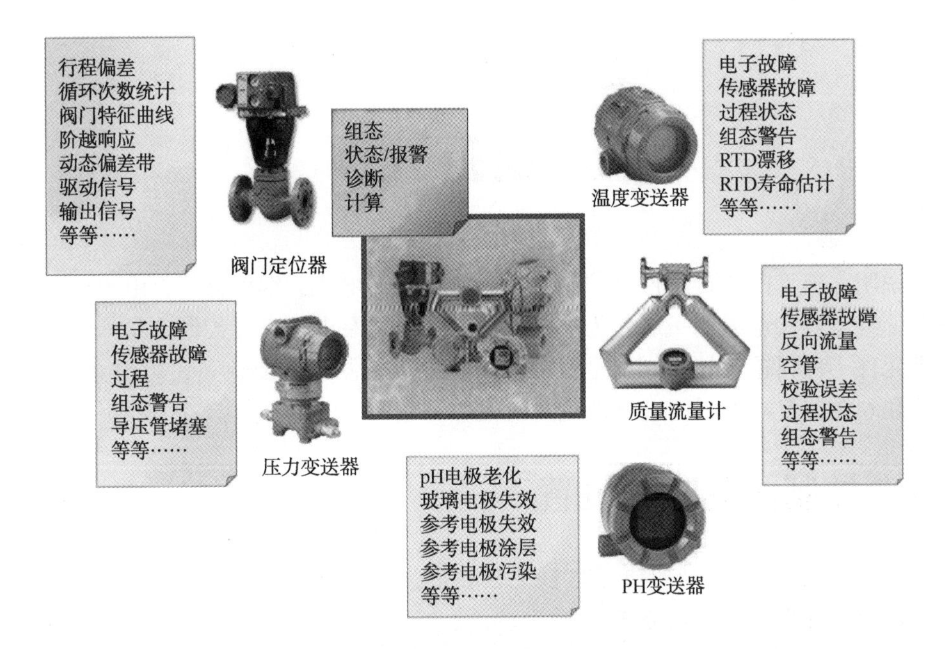

图 5-4 部分智能仪表的诊断功能

5.3.3 检测元件取源点宜独立设置。

条文说明： 无。

条文解释： 检测元件取源点堵塞、泄漏是检测失效的主要原因。如果取源点不独立，一旦出现取源故障，会造成多块安装在同一取源点的检测元件同时失效，这样检测元件冗余就失去意义。所以要求检测元件取源点宜独立设置。图 5-5 为硫堵造成的变送器失效。

图 5-5 硫堵造成的变送器失效

6 执行元件

条文说明：典型的执行元件有控制阀门、电磁阀、电机、继电器等，电机极少能独立或冗余设置，继电器和电磁阀一般作为控制附件，如对机泵电路进行控制，第 6.1 节和 6.2 节对这三类元件不做讨论。控制阀门是对工艺介质进行控制的主要设备，可独立或冗余设置，第 6.1 节和 6.2 节仅对控制阀进行规范。

6.1 控制阀的独立设置

6.1.1 SIL 1 回路的阀门可与 BPCS 共用，但应确保安全仪表功能回路的动作优先于过程控制回路且操控元件应分开。

条文说明：操控元件是指接收系统控制命令的元件，电磁阀是控制阀的典型操控元件。在 BPCS 和 SIS 系统共用的一台气动开关阀，应设置两只电磁阀，一只由 SIS 系统控制，另一只由 BPCS 控制，示例见图 6.1.1-1；如 BPCS 和 SIS 系统共用的一台气动调节阀，应设置一只电磁阀和一台电气阀门定位器，电磁阀由 SIS 系统控制用于关断，电气阀门定位器由 BPCS 控制用于调节，示例见图 6.1.1-2。

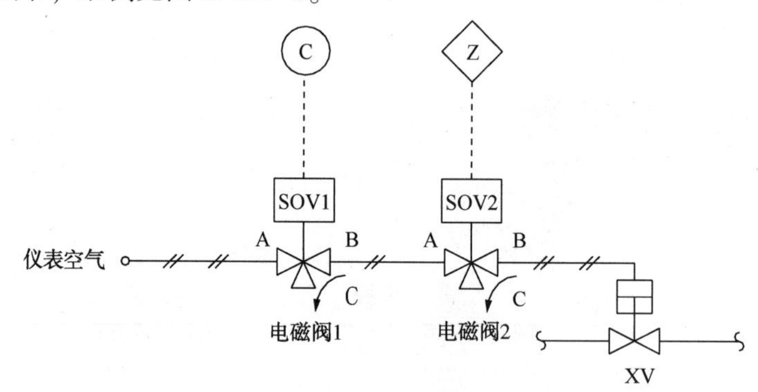

图 6.1.1-1 BPCS 与 SIS 共用开关阀示例

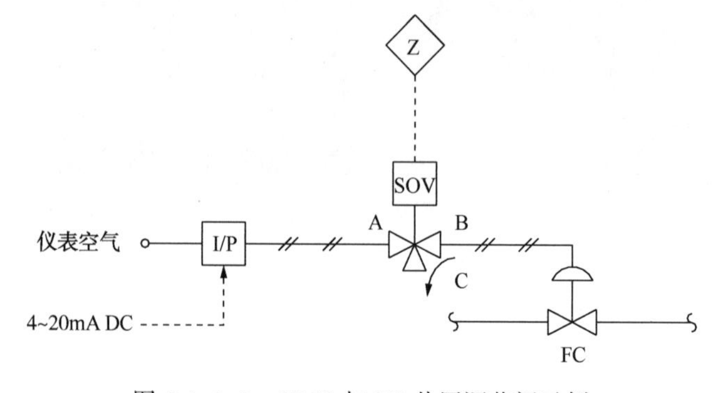

图 6.1.1-2 BPCS 与 SIS 共用调节阀示例

条文解释：控制阀直接与工作介质接触，一般是整个 SIF 回路中失效率最高的部分。BPCS 和 SIS 共用一台阀门，阀门的可用性和可靠性都会降低，通常不建议共用。只有在独立设置 SDV 工程上不可行(如缺少安装位置或无法停产时)，或成本上不可行时，才考虑共用。

6.1.2 SIL 2 回路的阀门宜与 BPCS 分开。

条文说明：无。

条文解释：有些特殊场合，如大型输气站场的进出站阀门，由于口径比较大，多采用气液联动执行机构。这些大口径阀门安装空间受限，而且阀门很昂贵，安装两台阀门一台用于 BPCS、另一台用于 SIS，不太现实，大多数情况只设一台气液联动球阀。从图 6-1 可以看到，执行机构共设了三只远控电磁阀，其中 27 号为远程开、28 号为远程关，这两台电磁阀接入 BPCS 可进行正常开关操作；30 号阀是 ESD 电磁阀，接入 SIS，加电闭合后可进行正常开关操作，断电则关断阀门。这样就实现了 BPCS 和 SIS 共用一台阀门，且 SIS 操作优先于 BPCS。图 6-2 为气液联动执行机构现场安装图。

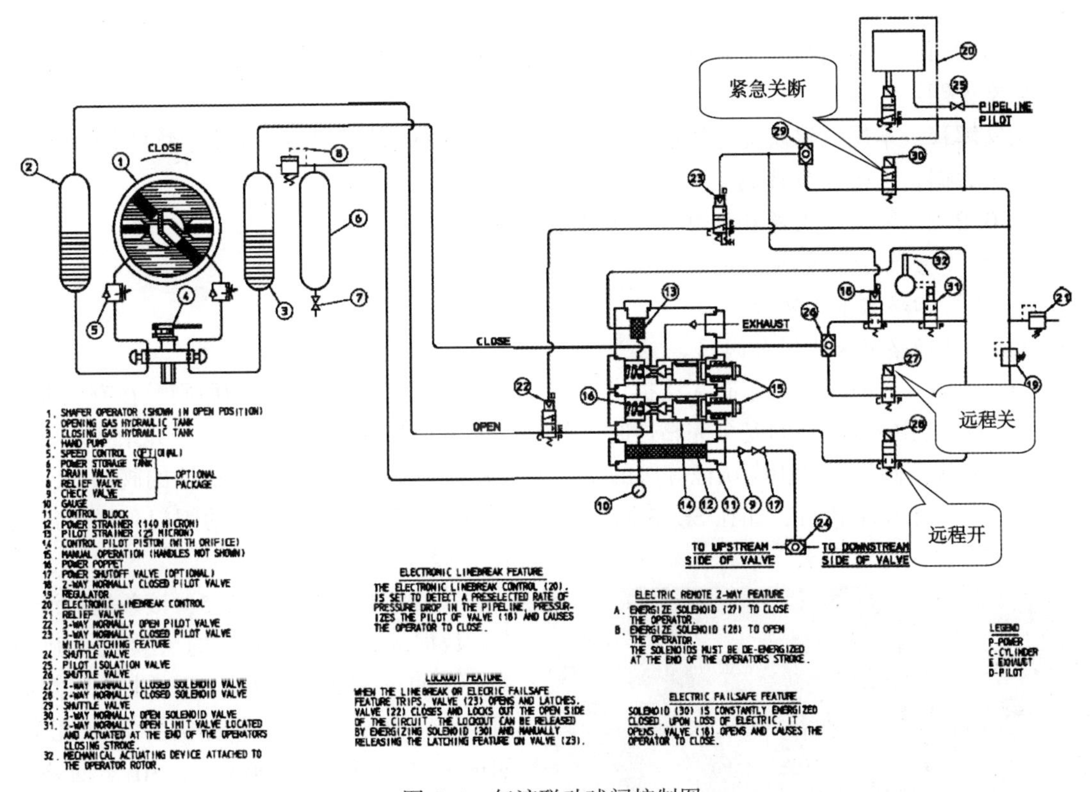

图 6-1　气液联动球阀控制图

6.1.3 SIL 3 回路的阀门应与 BPCS 分开。

条文说明：无。

条文解释：能达到 SIL 3 认证的阀门就很少，如果与 BPCS 共用，SIL 验证计算很难满足回路安全完整性要求，因此应严格分开。

图 6-2　气液联动执行机构

6.2　控制阀的冗余设置

6.2.1　控制阀的冗余应根据 3.2.5 要求的硬件结构约束进行设计。

条文说明：无。

条文解释：本规范建议优先按照硬件的结构约束计算结果作为控制阀是否冗余的依据，如无相关数据，可按本节其他规定进行设计。

6.2.2　当缺少失效数据时，应满足下列要求：

1 SIL 1 回路可采用单一阀门。

2 SIL 2 回路宜采用冗余阀门。

3 SIL 3 回路应采用冗余阀门。

条文说明：目前多数控制阀无法提供失效概率数据，可根据经验使用原则，在有证据证明其在实际使用中有足够的安全完整性时，就可以选用，但应满足本条规定的冗余要求。另外由于 SIL 认证阀门满足相应认证等级的安全失效分数，在选用具有 SIL 认证的阀门时，可不按本条的冗余要求执行，如在 SIL 3 回路中，选择单台具有 SIL 3 认证的阀门一样可以满足回路的安全完整性要求。

图 6-3　SIL 3 回路冗余 SDV 阀

条文解释：参见 3.2.5，该条是对没有 SFF 数据的阀门作为典型的 A 类元件进行配置，如选 SFF 为<60%时，SIL 2 回路阀门应 1oo1 冗余，SIL 3 回路需要 1oo3 冗余；如选 SFF 为 60%～<90%时，SIL 2 回路阀门可不冗余，SIL 3 回路应 1oo1 冗余。所以规定 SIL 2 回路宜冗余，SIL 3 回路阀门应冗余。

图 6-3 为 SIL 3 回路冗余 SDV 阀现场安装图。

6.3 选型与安装

6.3.1 执行元件宜在失去动力后可自动返回安全位置。

条文说明： 此类元件常见有气动阀门、气液联动阀门、电液联动阀门、自力式阀门、电磁阀、继电器等，失去动力常见由气源、液压、电源故障造成。

条文解释： SDV 安全位置一般是全关，BDV 安全位置是全开。

6.3.2 执行元件应设置行程反馈，反馈信号宜接入 BPCS，应设置行程报警。

条文说明： 行程反馈一般是限位开关发出的开关到位信号或行程变送器发出的连续行程信号，反馈信号接入 BPCS，可将大量不影响关断的逻辑判断移到 BPCS 中执行，从而简化 SIS 设计。

行程报警是指系统在发出执行元件动作信号后，经过一定时间的延时(延时时间应足以使执行元件移动到期望位置)，仍未能到达期望位置，此时应报警。如一台紧急关断阀，20s 可由全开位置移动到全关位置，延时时间可设 30s。在发出切断命令后，经 30s 延时，仍不能得到阀门全关反馈，可认为此阀门关行程故障或切断故障。产生故障的原因可能是阀门卡堵或反馈线路故障。

条文解释： 本规范推荐对阀门的状态进行检测和报警，报警逻辑建议在 BPCS 中完成。该逻辑是典型的开关阀逻辑，普遍适用于 SIS 和 BPCS 的开关阀。是通过阀门开关命令(SDY)、阀门开到位反馈(ZSO)、关到位反馈(ZSC)和延时状态(TIMER)四个点的采集，可组合出 16 种状态，并对故障状态进行报警。各点代表的意义如下：

- SDY：0-开命令，1-关命令；
- ZSO：0-非开到位，1-开到位；
- ZSC：0-非关到位，1-关到位；
- TIMER：0-延时未开始或延时中，1-延时时间到。

阀门开关正常应是收到的命令和最终的阀门状态一致，例如命令是关断，最后反馈也是关状态，则说明是发出的命令得到期望的结果；如果不一致，在超过延时时间后应报警。延时期间是预定的阀门转动时间再加一定的裕量，比如某阀门开关时间都是 30s，加一定裕量后延时时间设为 50s，在此期间出现状态与命令不匹配可能是阀门尚未转动到位，是正常的，不应触发报警。

HMI 上会用动态图标反应阀门各个状态，阀门由阀头和阀体组成，其中阀头表示命令状态，阀体表示行程状态，可用不同的颜色、颜色组合和闪烁表示不同的状态：

- 阀头：红色(0)-关命令，绿色(1)-开命令；
- 阀体：红色-关到位状态，绿色-开到位状态，黄色-行程中或开关转换状态，蓝色-设备失效状态，闪烁-状态转换或延时中状态。

图 6-4 为 SDV“关行程故障”状态的图标。

表 6-1 列出了该逻辑的 16 种状态和图标颜色，需要解释的有以下几个状态：

- 序号 0，正在关状态。

该状态是接到关断命令后，阀门正在转动的状态。两个阀门行程开关均为 0，既不是开到位也不是关到位状态，说明阀门正在转动。延时状态为 0，表示正在延时中，所以虽然阀

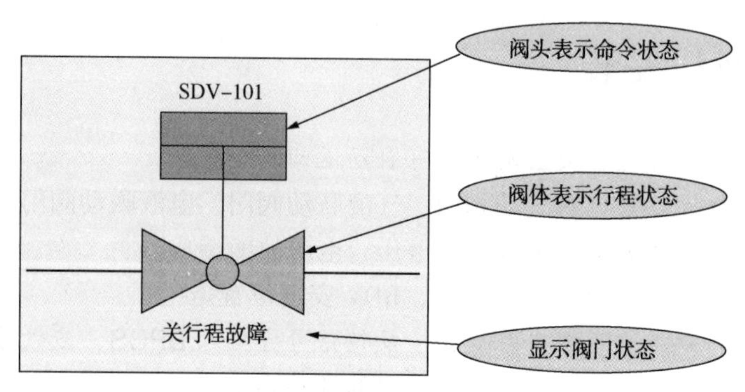

图 6-4　阀门图标示意图

门在中间状态，因预定的阀门开关时间还没到，也不需要报警。此时阀头是红色，表示已接收到关信号；阀头黄/红闪烁表示由开到关的转换过程中。

- 序号 2，开始关状态。

该状态是刚接到关命令，阀门执行器已开始动作，但阀门行程开关还没有脱离全开状态的一个短暂过程。SDY 为 0 表示已经收到关信号，关行程开关为 0、开行程开关为 1 表示目前阀位还处于全开状态，可能阀门尚未转动或转动很小全开行程开关还没有脱开，脱开后就处于正在关状态(序号 0)。延时状态为 0，表示正在延时中，所以虽然阀门状态与命令状态相反，因预定的阀门开关时间还没到，也不需要报警。此时阀头是红色，表示已接收到关信号；阀头绿/红闪烁表示目前是全开，正向关方向转动。

- 序号 3、序号 7、序号 11 和序号 15，反馈失效状态。

由于开到位和关到位两个行程开关是互斥的，也就是说正确的状态只有两个中任一个为 1 或都为 0(转换状态)。如果两个都为 1，则说明可能是其中一个或两个触点粘连、线路短路或行程开关与阀体脱开，需要技术人员维修解决。一般蓝色表示失效状态，所以阀体用蓝色表示，阀头根据接收到的命令显示红色或绿色。

- 序号 8，关行程故障状态。

该状态是接到关断命令且延时时间结束后，阀门仍处于行程转换的状态。SDY 为 0 且 TIMER 为 1 表示已经执行了关断且预定的阀门转动时间已经超时，两个行程开关都为 0 表示阀位还处在转换状态，既没有关到位也不在全开状态。因预定的阀门开关时间已经超过了，阀门基本不可能关到位，所以发出“关行程故障”报警。此时阀头是红色，表示已执行关断，阀体为黄色表示阀门最终还处于转换状态且延时时间已过。

报警后维修人员应尽快处理，如果是阀门已经关到位，则说明是关行程开关或相关线路有故障。如果是阀门确实没有关到位，则可能是阀门卡堵或阀杆、执行器故障。

- 序号 10，关故障状态。

该状态是接到关断命令且延时时间结束后，阀门仍处于全开的状态。SDY 为 0 且 TIMER 为 1 表示已经执行了关断且预定的阀门转动时间已经超时，关行程开关为 0、开行程开关为 1 表示阀位还处在全开状态，虽然超过了阀门的预定开关时间，阀门仍未动作，还是全开状态。因预定的阀门开关时间已经超过了，阀门基本不可能再完成关断，所以发出“关故障”报警。此时阀头是红色，表示已执行关断，阀体为绿色表示阀门最终还处于全开状态且延时时间已过。

报警后维修人员应尽快处理，此时最大可能是阀门严重卡堵或执行器故障。

表 6-1 SDV 逻辑状态表

序号	SDY	ZSO	ZSC	TIMER	状态	报警	阀头颜色	阀体颜色
0	0	0	0	0	正在关	正常	红色	黄/红闪烁
1	0	0	1	0	关到位	正常	红色	红色
2	0	1	0	0	开始关	正常	红色	绿/红闪烁
3	0	1	1	0	反馈失效	报警	红色	蓝色
4	1	0	0	0	正在开	正常	绿色	黄/绿闪烁
5	1	0	1	0	开始开	正常	绿色	红/绿闪烁
6	1	1	0	0	开到位	正常	绿色	绿色
7	1	1	1	0	反馈失效	报警	绿色	蓝色
8	0	0	0	1	关行程故障	报警	红色	黄色
9	0	0	1	1	关到位	正常	红色	红色
10	0	1	0	1	关故障	报警	红色	绿色
11	0	1	1	1	反馈失效	报警	红色	蓝色
12	1	0	0	1	开行程故障	报警	绿色	黄色
13	1	0	1	1	开故障	报警	绿色	红色
14	1	1	0	1	开到位	正常	绿色	绿色
15	1	1	1	1	反馈失效	报警	绿色	蓝色

阀门的开过程和关过程类似，不再赘述。

6.3.3 阀门不宜设置手轮或操作手柄等手动操作装置，如有应锁定。

条文说明：阀门的手轮或操作手柄在运行期间操作后，如忘记复位或解除，可能导致阀门失去安全功能，无法关断或完全关断。但有些阀门必须带手轮或操作手柄，如自力液压式切断阀；有些需要在无动力源时操作，如气液联动阀门，这些阀门的手动操作装置应锁定，避免非授权操作。

条文解释：如图 6-6 所示，手轮可操纵压杆顶着气缸运动，从而手动打开阀门。这是个纯机械联动动作，手动打开后如忘记复原，SIS 就无法通过电磁阀自动关断阀门，会造成阀门无法关断。加上执行机构上表征手动关闭的信息基本没有，后期巡检时也很难发现。

笔者曾经在一个海外工程调试过程中碰到过类似问题，我们在调试时一台 SDV 阀门就是不动作，无法关断。在检查了从 PLC、线路、气源到电磁阀后，没有发现任何问题，电磁阀可以正常打开通气，阀门就是一动不动。试着动了下手轮才发现压得很紧，打开手轮后就可以动作了。事后推断，可能是最初管道试压时手动关闭阀门，试压后工人也没有恢复。另外由于阀门长期关断，阀球压紧阀座过死，加上残余水分的腐蚀，该阀已无法正常工作，必须返厂维修。这些施工过程中操作维护不当造成的不必要损失，通过严格施工程序和检测是完全可以避免的！图 6-5 为阀门损坏情况。

图 6-5 损坏阀门的阀球压痕及锈蚀情况

给带手轮的执行机构(图 6-6)挂锁，必须经过授权才能操作可以解决这些问题。挂锁一是可以解决操作人员误动的问题(开锁前必须要经过授权)，二是增加了措施，可以明显表征出手轮已动作，方便巡查人员及时发现问题纠正错误。对一些必须保留手动操作装置的执行机构，如自力液压式执行机构(图 6-7)，还可以采取操作手柄和操作装置分离的设计，单独保存或锁定操作手柄即可。

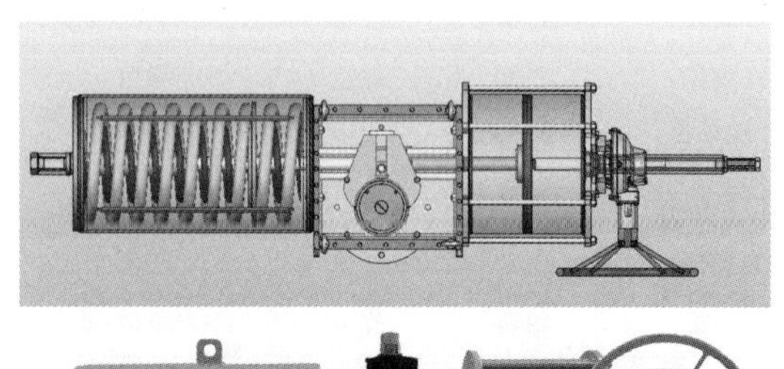

图 6-6　带手轮的气动执行机构

图 6-7　自力液压式执行机构

6.3.4　电磁阀应采用单电控型电磁阀。

条文说明： 根据 API RP 553—2012 4.6.1.3 的要求"Solenoid valves should be rated for continuous duty with Class H high temperature encapsulated coils and be satisfactory for both NEMA 4 and NEMA 7 installations."，电磁阀需选用 H 级绝缘线圈。

条文解释： 单电控电磁阀一般是二位三通阀(图 6-8)，采用一个数字量信号输出控制，加电时气源联通，阀门打开；失电时气源关闭，气缸排空，阀门关断。

图 6-8　带手动复位的单电控二位三通电磁阀

6.3.5　电磁阀放空口应配防堵塞装置。

条文说明： 无。

条文解释：该条强调电磁阀放空口不应直接排放，建议安装如图 6-9 所示的保护器，即可以调节排气速度(调节阀门关断时间)，又可以避免灰尘、污物、飞虫等堵塞放空口。

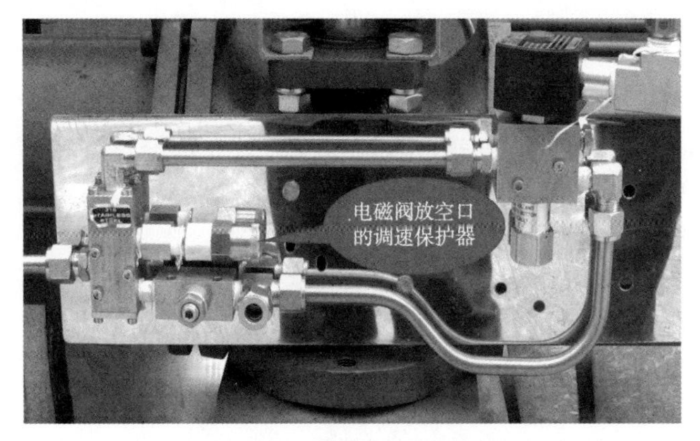

图 6-9 电磁阀放空口保护

6.3.6 当采用 1 台阀门时，SIL 2 回路切断阀宜配置部分行程测试功能；SIL 3 回路切断阀应配置部分行程测试功能。

条文说明：部分行程测试是在不干扰工艺流程正常工作的条件下，通过硬件设备将阀门由原位置可靠移动部分行程，从而实现阀门在线测试的一种方法，测试完毕后阀门应能自动返回原位置。现场的紧急关断阀门正常情况下长期处于常开位置，统计发现阀门最常见的故障是易卡在静止位置上。对于这种故障，无需通过完全开关阀门来测试，只需要部分关闭阀门，一般是 10%~15%，工艺允许情况下可达 20%，就能测试出阀门是否卡堵，大多数阀门的隐蔽故障都可以用这种方式检测。在线进行部分行程测试，在提高 PFD 的同时，还能做到生产不中断。部分行程测试可以大大减少完全行程测试的频率，但不能代替完全行程测试(主要检测阀座与阀门的密封)。

部分行程测试需要有专门的硬件及相关附件完成，常见的是智能阀门定位器或机械限位装置，可以确保在测试期间不会完全关闭阀门。

条文解释：阀门是 SIF 回路中最薄弱环节，改进安全性能的措施包括阀门冗余或缩短阀门测试周期，即每年进行多次人工测试。阀门，尤其是 SDV 或 BDV，要实现冗余或频繁测试都非常困难。阀门冗余除了会显著增加成本外，还需要额外的安装空间及附加的管线阀组。而频繁的全行程测试可能需要站场或工艺停产，这对多年才有一次大修停产机会的油气田站场来说，也不现实。20 世纪 90 年代推出的阀门部分行程测试成了广受欢迎的解决方案，以下通过简单计算说明部分行程测试对提高阀门安全完整性等级的影响。

(1) 部分行程测试对阀门安全完整性等级的影响计算

假定一台阀门的平均无故障时间 *MTTF*(mean time to failures)为 40 年，阀门没有自诊断，所有失效都是无法检测的危险失效，即 $\lambda_{Du}=\lambda=\frac{1}{MTTF}$，并且全行程测试后有效性达到 100%，即经过测试后可以发现并解决所有失效，阀门全行程测试每年 1 次。则阀门要求的平均失效概率为：

$$PFD_{AVG}=\lambda_{Du}\times\frac{T_i}{2}=\frac{1}{MTTF}\times\frac{T_i}{2}=\frac{1}{40}\times\frac{1}{2}=1.25\times10^{-2}$$

这台阀门的安全完整性等级只有 SIL 1，如果用在 SIL 2 回路是不合适的。采用部分行程测试可以予以改善：

$$PFD_{\mathrm{AVG}}=DC\times\lambda\times\frac{T_1}{2}+(1-DC)\times\lambda\times\frac{T_2}{2} \tag{6-1}$$

式中 DC——诊断覆盖率，按帕累托 80/20 法则这个值选 80%，即每次部分行程测试可诊断出 80%的失效，也就是假定 80%失效在部分行程测试中能发现，剩下的 20%只能在全行程测试时发现；

T_1——部分行程测试间隔，假设是每月 1 次；

T_2——全行程测试间隔，假设是每年 1 次。

将这些参数代入式(6-1)可得：

$$PFD_{\mathrm{AVG}}=0.8\times\frac{1}{40}\times\frac{1}{12\times2}+(1-0.8)\times\frac{1}{40}\times\frac{1}{2}=3.3\times10^{-3}$$

这样就可以得出在每月进行 1 次部分行程测试、每年进行 1 次全行程测试的情况下，阀门安全完整性等级可以满足 SIL 2 的要求。

（2）两种主要的部分行程测试形式

阀门部分行程测试功能需要在气动管路上增加硬件实现，常见的有机械限位式和智能阀位定位器式两种。

① 机械限位式(图 6-10)

通过将键销插入特定位置的方式，利用机械限位强制阀门只能关闭 10°~15°。这种方式是比较安全、便宜，缺点是只能现场手动操作，另外也存在小概率的键销卡死阀门无法动作的情况。

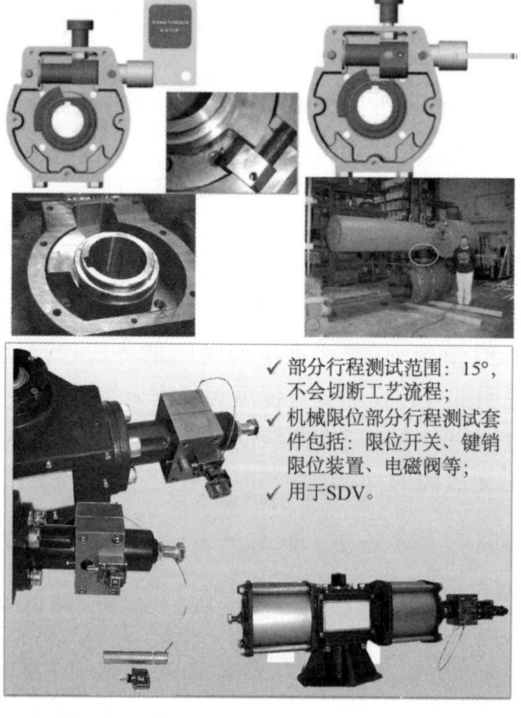

图 6-10 部分行程测试——机械限位式

② 智能阀门定位器式(图6-11)

在电磁阀前加装智能阀门定位器，由阀门定位器控制只关闭一定角度的方式实现。智能阀门定位器与调节阀上使用的类似，不过一般需要有SIL认证。这种方式的优点是可以远程或定期自动进行部分行程测试(尽管大部分业主不这么做)，得到的诊断信息更丰富，缺点是价格较高。

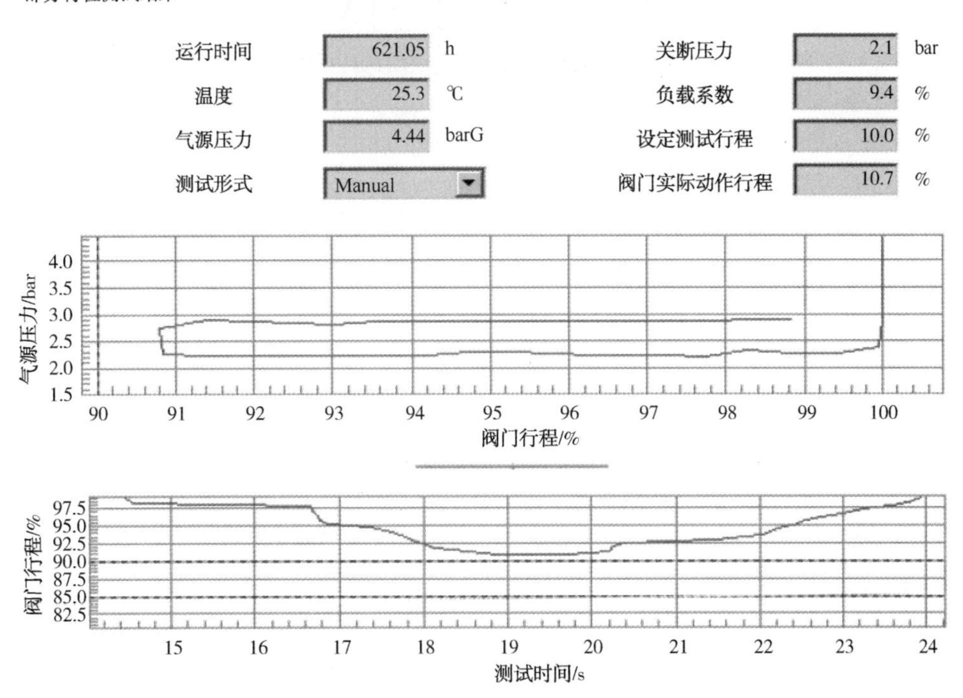

图6-11 部分行程测试——智能阀门定位器式

6.3.7 控制阀的电磁阀应安装在阀门定位器与执行机构之间的气动管路上。

条文说明：无。

条文解释：该条是指采用智能阀门定位器式部分行程测试或与调节阀共用一台控制阀时，负责关断用的电磁阀应在定位器之后，这样可以保证关断优先于测试和调节控制。见图6-12。

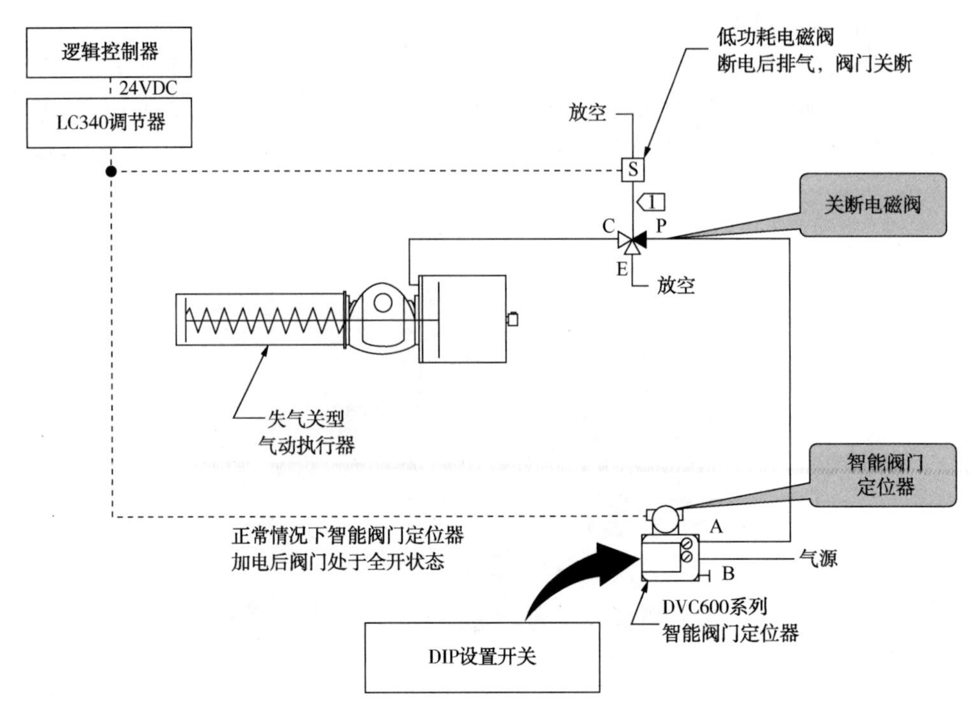

图 6-12 带智能阀门定位器的气动执行机构气路图

7 逻辑控制单元

7.1 一般规定

7.1.1 逻辑控制单元应选用与 SIL 要求相适应的 PE 单元和/或其他逻辑器件，在安全仪表系统少于 10 点时，可采用继电器和按钮构成安全仪表系统。

条文说明：其他逻辑器件一般指由 SIL 认证继电器搭建的简单逻辑处理单元。可以单独使用 PLC 或继电器组成逻辑控制单元，也可以混合构成。在安全回路少于 10 点时，可采用继电器和按钮构成安全仪表系统。

条文解释：油气田工程中有些场合 I/O 点较少，但 SIL 等级要求较高，如一些高压井口或阀室。这些场合如果采用安全 PLC 成本不允许时，可采用具有 SIL 认证的安全继电器(图 7-1)、检测开关和按钮等搭建。这样做的优点是简单可靠，价格低，缺点是信号无法采集(或只能部分采集)，诊断功能弱。

图 7-1 具有 SIL 认证的安全继电器

7.1.2 在选择 PE 组成逻辑控制单元时，应选择有 SIL 认证的 PE 单元，并应从认证清单中选择 PE 组件，按安全说明书(safety manual)或认证报告推荐的架构组成。PE 组成的逻辑控制单元应包括以下组件：

1 机架。

2 中央处理器/内存模板。

3 通信模板。

4 I/O 模板。

5 端子或接线组件。

6 供电模块。

7 系统软件/固件。

8 编程软件库/模块。

9 编程工具软件。

10 通信协议。

条文说明：无。

条文解释：PE(programmable electronics)可编程电子单元通常是指 PLC，有三个文件对评判 PLC 及其配置是否符合 SIL 要求至关重要，分别是：

- SIL 认证证书；
- SIL 认证报告；
- 安全说明书或安全白皮书。

这三个文件可以从认证网站和 PLC 厂家网站上下载，最著名的 SIL 认证单位是 TÜV 莱茵，认证查询网址：http：//fs-products. TÜVasi. com/certificates，详见图 7-2。

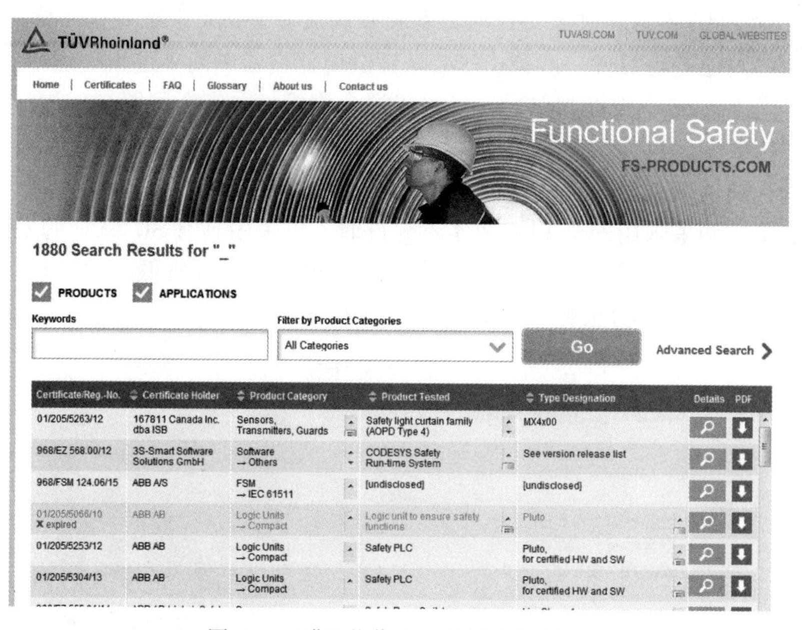

图 7-2　TÜV 莱茵 PLC 认证查询页面

有个比较大的误区是大家只关心 SIL 证书，认为只要是 PLC 有证书，选择证书或附件中列出的部件组成的 SIS PLC 系统就是符合 SIL 认证的，这也是喜欢钻空子的无良销售所乐见的。

比如一套系统具有 SIL 2 认证，某款模拟量输入模板也在认证清单里，只选 1 块该模板不做冗余是否满足 SIL 2 要求？还真不一定，其实这样配置忽略了 3. 2 中强调的硬件结构约束的要求，有些模板在 TÜV 报告和厂商安全手册中写得很清楚，必须用两块模板并且按 1oo2 的结构配置才能符合 SIL 2 要求，如果只选一块是不满足硬件结构性约束的。以下结合某著名品牌(为避免争端，截图中隐藏了厂商信息)的三份认证文件进行详细说明。

(1) SIL 认证证书

如图 7-3 所示，这里面需要注意的重要信息有：

- 认证产品及清单

说明了符合认证的产品清单列在厂商的安全说明书中，安全说明书的文件号是 1756-RM001E。

- 应用场合

这里说明了该 PLC 只能用在励磁回路中，即回路安全状态是非加电状态，不能用于非励磁回路！

TÜV Rheinland Group

TÜV Rheinland Industrie Service GmbH
Automation, Software und Informationstechnologie

ZERTIFIKAT
CERTIFICATE

Nr./No. 968/EZ 135.04/06

Prüfgegenstand **Product tested** 认证产品	Safety Related Programmable Electronic System ×××	**Zertifikats-inhaber** **Holder of the certificate** 厂商名称	××× Automation Inc. Automation Control & Information Group 1 ××× Drive ××× United States of America
Typbezeichnung **Type designation** 认证产品及清单	××× modules as listed in the Safety Reference Manual, Publication Number 1756-RM001E, Table 1.1 指明了安全说明书名称	**Verwendungs-zweck** **Intended application** 应用场合	Safety Related Programmable Electronic System for process control, emergency shut down and where the safe state is typically the de-energized state
Prüfgrundlagen **Codes and standards forming the basis of testing** 认证标准	IEC 61508, Part 1 - 7:2000 EN 50156-1:2004 EN 54-2:1997 EN 61131-2:2003 EN 954-1:1996 IEC 61511:2004 NFPA 72:2002		NFPA 85:2001 EN 50178:1997 EN 61000-6-2:2005 EN 61000-6-4:2001
Prüfungsergebnis **Test results** 测试结论	The system is suitable for safety related applications up to and including SIL 2 (IEC 61508) considering the results of the test report-no. 968/EZ 135.04/06 dated 2006-11-27.		
Besondere Bedingungen **Specific requirements** 具体要求	For the use of the systems the test report mentioned above, the Safety Reference Manual, the User Manuals and the actual revision of the official list of product documentation, hardware modules and software components released by ××× Automation and approved by TÜV Rheinland have to be considered.		

Der Prüfbericht-Nr. 968/EZ 135.04/06 vom 2006-11-27 ist Bestandteil dieses Zertifikates.
Der Inhaber eines für den Prüfgegenstand gültigen Genehmigungs-Ausweises ist berechtigt, die mit dem Prüfgegenstand übereinstimmenden Erzeugnisse mit dem abgebildeten Prüfzeichen zu versehen.

The test report-no. 968/EZ 135.04/06 dated 2006-11-27 is an integral part of this certificate. 指明了SIL报告名称、日期，并声明该报告也是证书一部分
The holder of a valid licence certificate for the product tested is authorised to affix the test mark shown opposite to products which are identical with the product tested.

TÜV Rheinland Industrie Service GmbH
Geschäftsfeld ASI
Automation, Software und Informationstechnologie
Am Grauen Stein, 51105 Köln
Postfach 91 09 51, 51101 Köln

2006-11-27

Datum/Date | Firmenstempel/Company seal | Unterschrift/Signature

图 7-3 某 PLC SIL 认证证书

• 认证标准

除了常用的 IEC 61508 和 IEC 61511 外，还列出了 NFPA 72 和 NFPA 85，说明该 PLC 具有 NFPA 联合认证，可用于火气系统。

• 测试结论

说明该 PLC 具有 SIL 2 认证，SIL 认证报告文件号是 968/EZ 135. 04/06。

• 具体要求

说明了系统设计、使用时，必须根据**SIL 认证报告、安全说明书**、用户手册以及由厂商发布并获得德国 TÜV 莱茵认可的产品文档，选择认证的硬件模板和软件进行配置。

这里强调了**SIL 认证报告和安全说明书**的重要性。

由以上介绍可以看出，SIL 认证报告不光是能看出 PLC 的 SIL 等级和哪些软硬件符合认证要求，还能知道 PLC 能用于什么场合，**SIL 认证报告和安全说明书**的文件号，应遵照这两个文件进行 SIS PLC 系统的配置。

(2) SIL 认证报告

报告除了描述认证过程和结论外，我们更应该重点关注测试了哪些产品，产品硬件架构是如何搭建的。这里的硬件结构是我们必须特别关注的，以下内容摘自认证报告 968/EZ 135. 04/06。

4. 10. 2 Digital I/O-components

All digital I/O-Modules listed in paragraph 3-except of tha Diagnostic Output Module OB16D and OA8D-must be used in a 1oo2 configuration.

This structural measure is necessary to fulfil the SFF/HFT requirement for a SIL 2 application.

For further details on the Digital I/O-components see the SRM /1/ and module related user documentation.

涂灰部分清楚说明了根据模板的 SFF/HFT 指标，为满足 SIL 2 的结构约束要求，所有数字量 I/O 模板，除 OB16D 和 OA8D 外，必须采用 1oo2 结构。也就是两块模板，逻辑结构采用 1oo2，完成一块模板的功能才能符合 SIL 2 要求。**请注意，这两块模板不是传统意义上的 2oo2 冗余，即 1 块模板故障后另一块模板还能正常工作，不会引起停车。**

4. 10. 4 Analog I/O-components

The analog I/O-components can be used in safety systems in the versions listed in Annex A.

All analog I/O-modules listed in paragraph 3 must be used in a 1oo2 configuration.

It is recommended to use the latest qualified firmware-version in safety systems.

Previously qualified firmware versions may be used in existing safety systems.

For further detalis on Analog I/O-components see the SRM /1/ and module related user documentation.

模拟量模板要求类似，也要求采用 1oo2 结构。

(3) 安全说明书

安全说明书一般由生产厂商提供，PLC 系统需严格根据安全说明书的要求进行搭建，以下摘自安全说明书 1756-RM001E。

Typical SIL 2 Configurations

SIL 2-certified ××× systems can be used in standard (simplex) or high-availability (duplex) configurations. For the purposes of documentation, the various levels of availability that can be achieved by using various ××× system configurations are referred to as simplex or duplex.

When using a duplex ××× configuration, the ××× controller remains simplex (1oo1) from a safety perspective.

This table lists each system configuration and the hardware that is part of the safety loop.

System Configuration	*Safety Loop Includes*
Simplex Configuration on page 15	• *Single controller* • *Single communication module* • *Dual I/O modules*
Duplex Logic-Solver Configurations on page 24	• *Dual controllers* • *Dual communication modules* • *Dual I/O modules*
Duplex System Comfiguration on page 28	• *Dual controllers* • *Dual communication modules* • *Dual I/O modules* • *I/O termination boards*

以上说明了该 PLC 支持三种典型的 SIL 2 配置，见表 7-1 及图 7-4~图 7-6。

从表 7-1 可以看出，单 CPU 和通信模板都是符合 SIL 2 要求的，但模板必须为双模板配置。

表 7-1　三种典型的 SIL 2 配置

系统配置	安全回路组成
单系统配置	• 单 CPU 控制器 • 单通信模板 • 双 I/O 模板
冗余 CPU 控制器配置	• 冗余 CPU 控制器 • 冗余通信模板 • 双 I/O 模板
全冗余配置	• 冗余 CPU 控制器 • 冗余通信模板 • 双 I/O 模板 • I/O 接线端子板

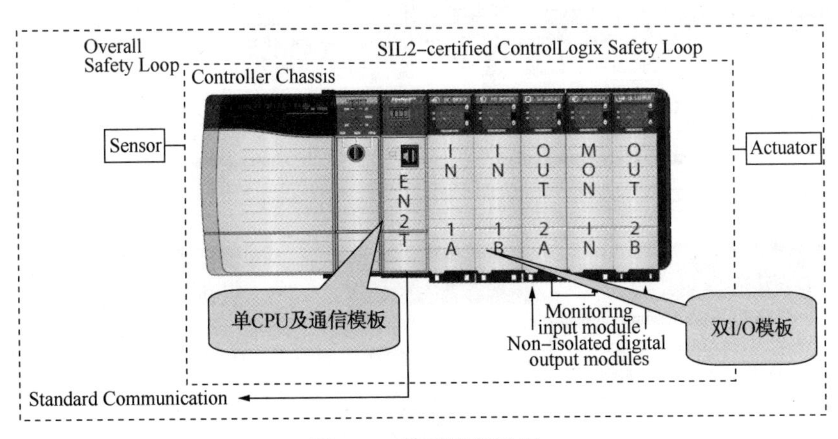

图 7-4　单系统配置图

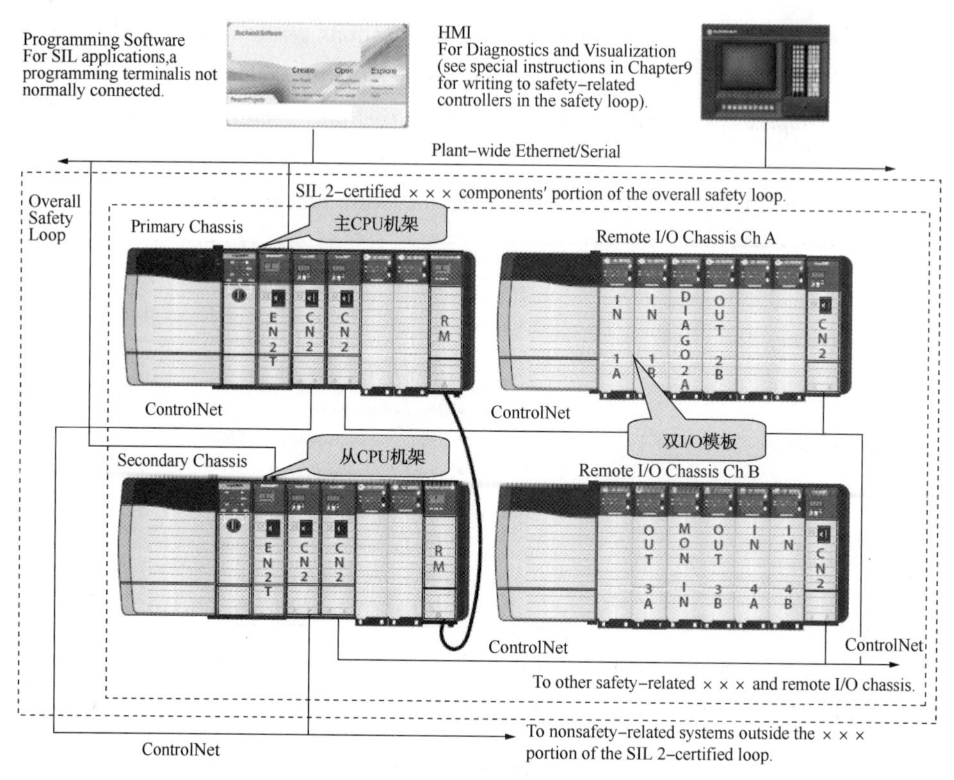

图 7-5　冗余 CPU 控制器配置图

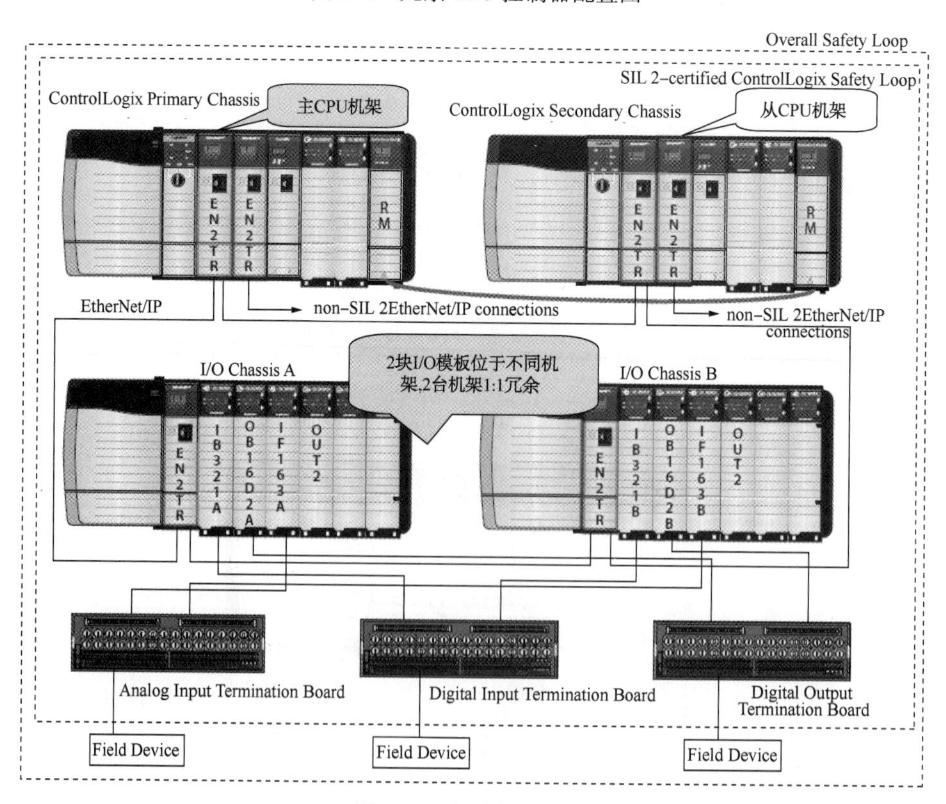

图 7-6　全冗余配置图

另外在模板的安装接线部分也清楚地表明必须采用双模板，从梯形图逻辑上也能看出，输入 A、输入 B 报警或故障都会触发关断，是典型的 1oo2 逻辑结构。见图 7-7。

Wiring ××× Digital Input Modules

This diagram shows two examples of wiring digital inputs. In either case. the type of sensors being used determines whether the use of 1 or 2 sensors is appropriate to fulfill SIL 2 requirements.

Figure 18-××× Digital Input Module Wiring Example

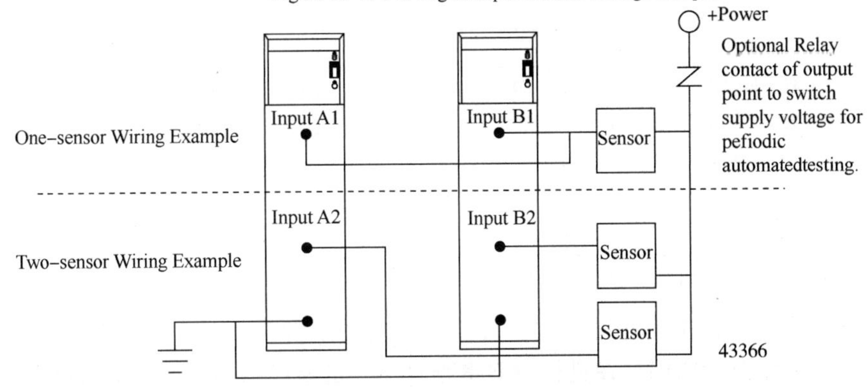

Applieation logic is used to compare input values for concurrence.

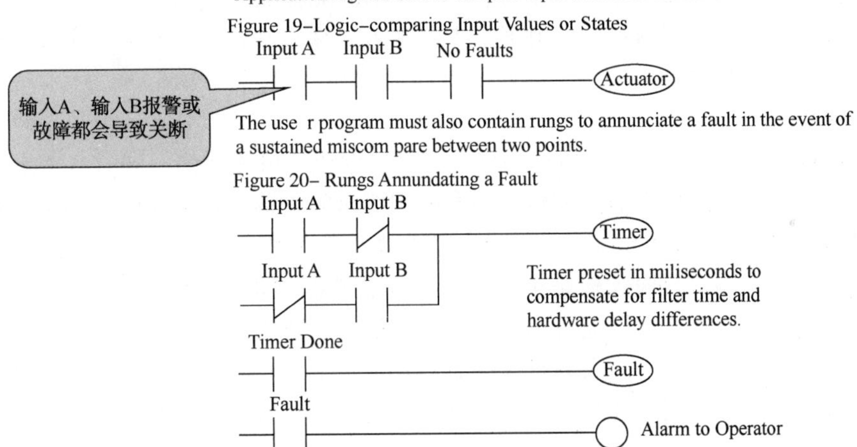

图 7-7 数字量输入模板接线及逻辑原理图

（4）模板配置举例

假定 SIS PLC 需求如下：

- SIS PLC 安全完整性等级为 SIL 2；
- 采用 CPU 控制器冗余结构；
- 模拟量输入 31 点；
- 数字量输入 40 点；
- 数字量输出 11 点；
- 每块 I/O 模板 16 点；
- I/O 机架 10 槽；
- I/O 备用 20%。

则该套系统 PLC 配置如表 7-2 所示。

表 7-2 PLC 模板配置表

序号	部分	模板名称	I/O 点数	备用量	实际要求点数	单 I/O 模板数量	符合 SIL 2 要求模板数量
1	CPU 部分	CPU 模板				2	
2		通信模板				2	
3		冗余模板				2	
4		电源模板				2	
5		CPU 机架				2	
6	I/O 部分	模拟量输入	31	20%	38	3	6
7		数字量输入	40	20%	48	3	6
8		数字量输出	11	20%	14	1	1
9		通信模板				1	2
10		电源模板				1	2
11		13 槽 I/O 机架				1	2

注：该系统的数字量输出模板不需要双模板就可以满足 SIL 2 要求。

由表 7-2 可以看出，正确配置的 I/O 模板及配套的电源模板和 I/O 机架数量都大大多与单模板配置。**因此设计和用户在进行方案审查时，一定要仔细阅读 SIL 认证报告和安全说明书，避免让不良厂商钻空子，用不符合 SIL 要求的配置滥竽充数。**

7.1.3　逻辑控制器的响应时间应包括输入、输出扫描处理时间与中央处理器单元运算时间，不宜大于 500ms。

条文说明：无。

条文解释：此条要求 SIS 逻辑控制器的响应速度应尽可能地快，同时也考虑到目前的硬件水平，给出了合理的最大值。逻辑控制器的响应时间是输入模板延时、输出模板延时和逻辑任务循环周期三部分组成的，一般模拟量输入模板要设置滤波，多为 50Hz，也就是 20ms，因此模拟量输入延时大概是小于 30ms；输出模板延时较少，差不多 20ms；逻辑任务循环周期根据任务的重要性可能有不同的循环周期，一般为 250ms；这样一个完整的从输入到输出的逻辑控制器响应时间大概是 300ms，本规范规定不宜大于 500ms。

7.1.4　逻辑控制器的中央处理器单元负荷及内存占有率不应超过 50%。

条文说明：无。

条文解释：此条规定 SIS 控制器最大的处理负荷下，CPU 和随机内存占用率要有至少一倍的裕量，以保障程序运行的稳定性和可靠性，避免冲击负荷造成的系统宕机。

7.2　独立设置原则

7.2.1　SIL 1 逻辑控制单元可与基本过程控制单元合用。

条文说明：无。

条文解释：请注意本条表示严格程度的用词是“可”，在标准用词说明里对“可”的描述是“表示有选择，在一定条件下可以这样做。因此 SIL 1 的 SIS 与 BPCS 可共用一套控制器，如果条件允许应尽量分开设置。

7.2.2　SIL 2 逻辑控制单元宜与基本过程控制单元分开，在过程控制单元满足以下条件时，也可由 SIS 逻辑控制器完成限定的过程控制功能：

1 BPCS 和 SIS 规模都较小。

2 BPCS 功能简单，没有复杂的调节回路。

3 BPCS 操作和逻辑不影响 SIS 逻辑的执行。

4 除与上位系统软件通信外，BPCS 宜无其他通信口。

条文说明：无。

条文解释：油气田站场有的规模非常小，但部分回路安全完整性等级又较高，达到 SIL 2 级。这样的站场在严格评估后，可采用一套 SIS 控制器，将 BPCS 参数接入 SIS 控制器，作为其非安全逻辑的一部分处理，这样应用也叫混合控制器应用。注意在控制器选择时一定要选成熟产品，**选用的控制器厂商应有混合应用的推荐方案，SIS 系统的搭建和模板选型必须严格按厂家推荐方案执行。**

评估时除了需要进行严格的安全分析和 SIL 定级外，还应特别注意以下问题：

- BPCS 和 SIS 规模都比较小，一般总的硬件 I/O 点不建议超过 100 点。I/O 点少，负荷就比较轻，不会因负荷过重影响 SIS 回路的响应。

- BPCS 没有复杂的调节回路，仅有简单的单回路调节和逻辑控制为宜。这样也是为了保证 SIS 回路的响应。

- BPCS 操作和逻辑不影响 SIS 逻辑的执行，要从软件和硬件两方面保证，软件上要求 BPCS 和 SIS 用户程序和内存应分区，分为非安全区和安全区两部分，两部分严格分开，尽量做到互不影响，同时要求 SIS 逻辑任务要优先于 BPCS 任务。硬件上要求 BPCS 和 SIS 的 I/O 模板、通信模板、通信网络、电源模板及机架应分开，如图 7-8 所示。

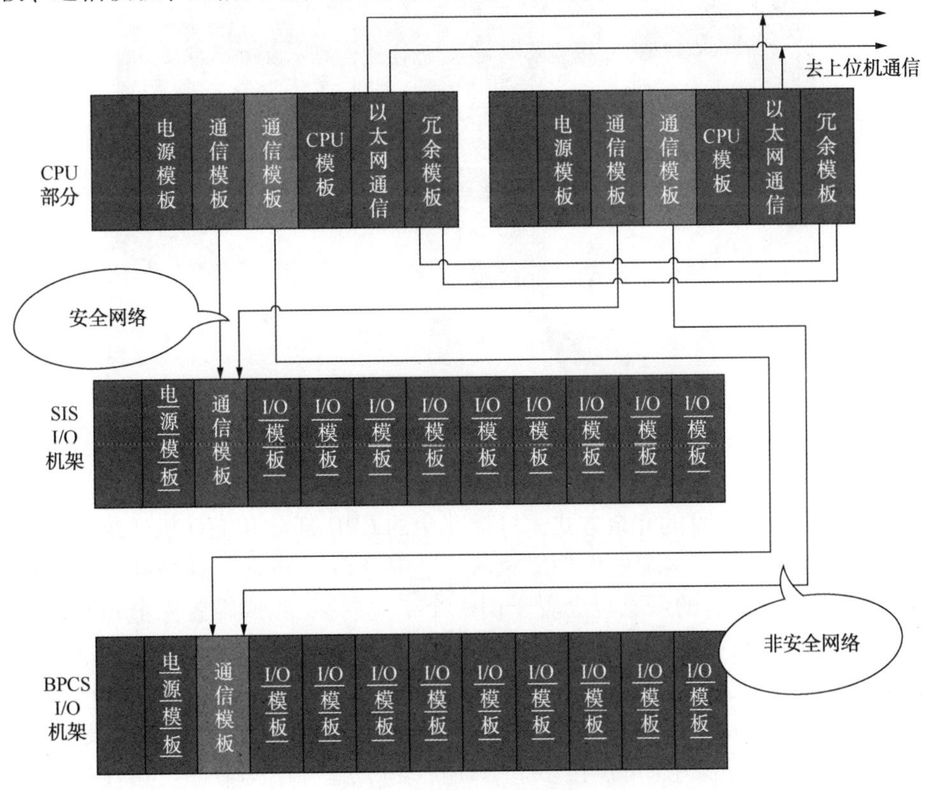

图 7-8　混合系统结构图

• 除上位机通信外宜无其他通信接口，也是为了保证 SIS 运行的确定性和安全性。由于第三方通信不确定因素较多，也存在安全风险，一般的 SIS 系统也较少保留第三方通信接口。混合系统中更不建议增加第三方通信接口。

7.2.3 SIL 3 逻辑控制单元应与基本过程控制单元分开。

条文说明：无。

条文解释：如果参数点少可采用继电器搭建，但必须与基本过程控制单元分开。

7.3 冗余设置原则

7.3.1 SIL 1 回路 PE 单元的中央处理单元、电源模块、通信网络与接口等宜冗余配置。

条文说明：无。

条文解释：

(1) SIS PLC 三种基本的冗余形式

SIS PLC 的冗余有同机架冗余(图 7-9)、CPU 部分冗余(图 7-10)和三冗余(图 7-11)几种形式，其中同机架冗余是最简单的一种，两块冗余的 CPU 模板和通信模板、I/O 模板都放在一个机架中(可连接多个 I/O 机架)。这种冗余形式共用的部分比较多，比如机架、电源模块等，属于最简单、最便宜的一种冗余形式。

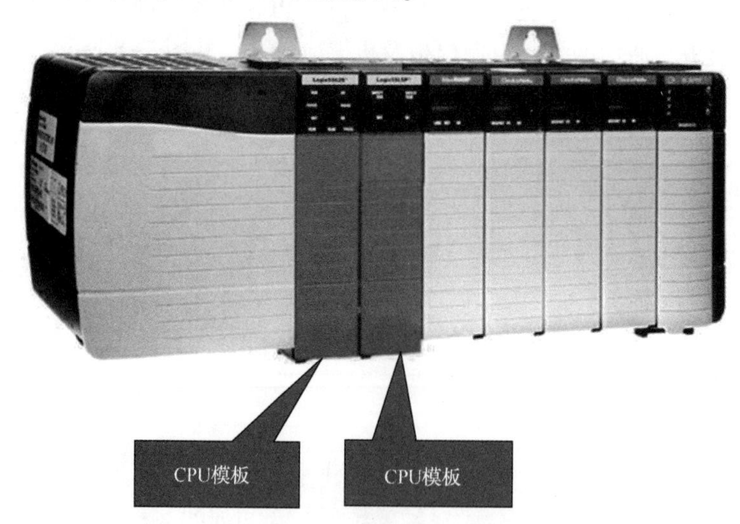

图 7-9 同机架冗余 SIS PLC

CPU 部分冗余是最常见的冗余方式，包括冗余的 CPU 部分和 I/O 机架组成。CPU 部分采用双机架冗余结构，即相同配置的两套模板，包括 CPU、电源、通信和冗余模板，分别放置在两台相同机架内(有的厂家也会置于同一个卡笼内)，组成配置完全相同的两套 CPU 机架(有的厂家也叫双机架冗余)，机架间通过冗余网络连接。CPU 机架再通过冗余的 I/O 网络与 I/O 机架连接。这种结构实现了 CPU 部分的独立冗余，可靠性较高。

三冗余一般是指 2oo3 架构的 SIS 系统，一般是三块 CPU 模板、冗余电源和通信模板，与 I/O 模板安装在一个机架中(可连接多个 I/O 机架)，这种结构兼顾可用性好可靠性，但价格较高。

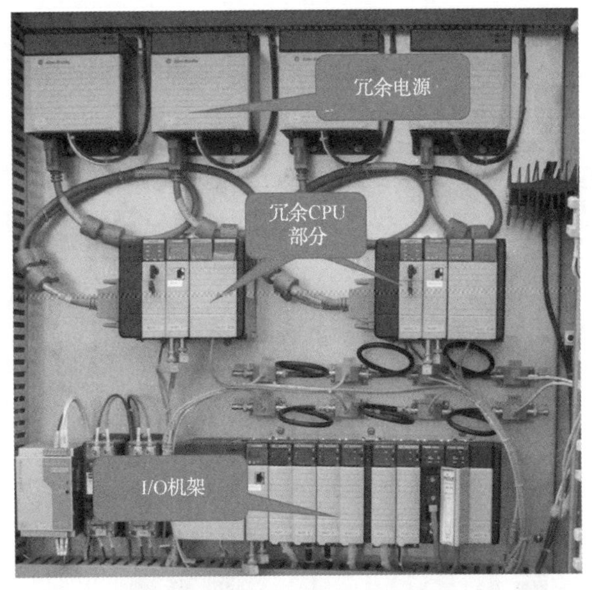

图 7-10　CPU 部分冗余 SIS PLC

图 7-11　三冗余 SIS PLC

(2) 通信冗余

SIS PLC 与上位机通信大多通过工业以太网，网络冗余切换一般由 SIS PLC 完成，即主 CPU 侧的主通信卡会设一个 IP 地址，如 130.130.55.200，则热备 CPU 侧的通信卡 IP 地址末位自动加一，即 130.130.55.201。在主备 CPU 切换时，主备通信卡的 IP 地址也同时切换，保证主 CPU 侧的主通信地址一直是 130.130.55.200。这样上位机只要和 130.130.55.200 通信即可，当然 CPU 切换后会有相关信息，上位机只要采集这些信息就可以知道 SIS PLC 是否切换，切换的原因是什么。这样做的好处是可以保证通信的连续性，切换时间是毫秒级。如果让上位机判断进行通信切换，需要对通信故障次数进行累加，累加到一定次数后才能切换，这个过程可能要 10 多秒以上。见图 7-12。

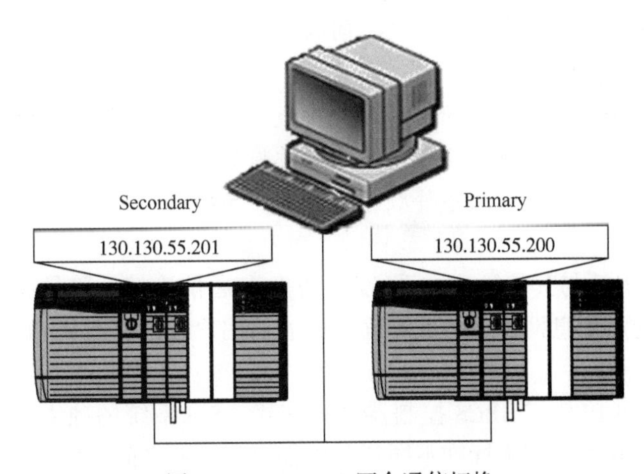

图 7-12　SIS PLC 冗余通信切换

如果要做到双网双冗余通信，可以增加小交换机或通过每侧配置双通信卡实现。见图 7-13。

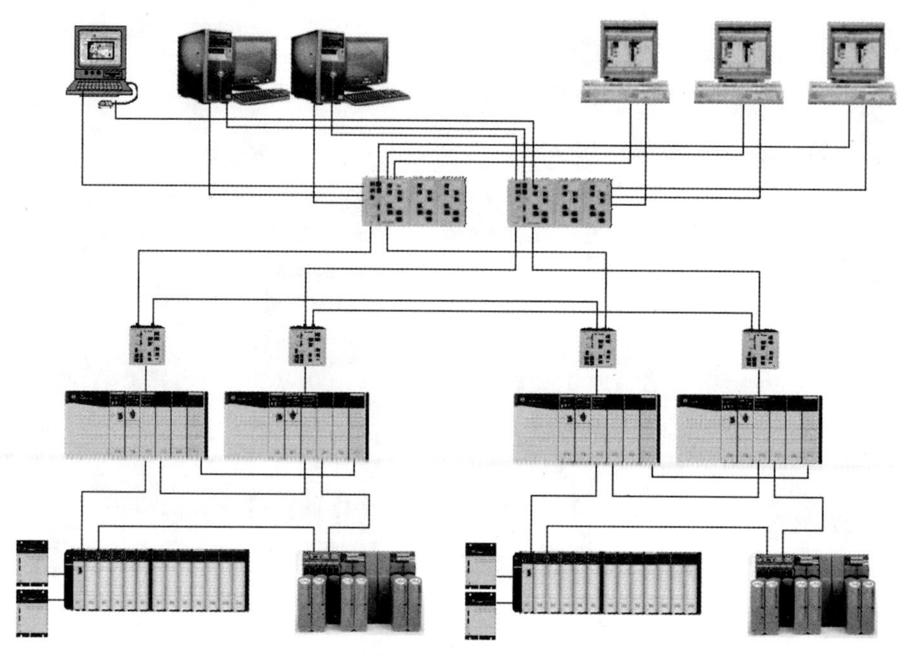

图 7-13　采用小交换机的双网双冗余通信

7.3.2　SIL 2 及以上回路 PE 单元的中央处理单元、电源模块、通信网络与接口等应冗余配置。

条文说明：无。

条文解释：此规定主要为了增加 SIS 系统的可用性，防止 SIS PLC 共用部分的故障造成这个系统的停车。

7.4　通信接口

7.4.1　安全仪表系统与其他系统之间的通信不应影响安全仪表系统的功能，设计应符合下列要求：

1 安全仪表系统与其他系统之间可采用硬接线、工业以太网或串行通信的连接方式。

2 安全仪表系统与其他系统之间通信不应通过信息网连接。

3 通信接口故障应在操作站或事件顺序记录中显示报警。

条文说明：无。

条文解释：SIS PLC 与其他第三方系统/设备会有通信连接，除硬接线外，通信应通过控制网连接，不应通过信息网，避免因不确定的通信用户或内容造成 SIS PLC 故障。通信内容和推荐方式见表 7-3。

以下重点介绍 SIS PLC 与 BPCS 控制器间的连接，SIS 系统的独立性让设计人员常常忽略这两套系统间的关联，其实本标准不同章节里都提到了两者间关联，主要有：

4.3.4　关断执行后，相关联的非 SIS 设备宜联锁动作到安全位置。

6.3.2　执行元件应设置行程反馈，反馈信号宜接入 BPCS，应设置行程报警。

图 7-14 展示了这些信号间的互相传递和逻辑联系。

表 7-3　SIS PLC 与第三方系统/设备通信表

序号	第三方系统/设备	通信内容	连接方式	说明
1	BPCS 控制器	传送 SDV/BDV 阀开关信号，联锁关闭相应的调节阀、开关阀或转动设备，进行阀门故障报警； 传送需多值比较变送器值	工业以太网	与 SIS PLC 是同品牌产品时推荐采用
			串行通信	不同品牌产品时推荐采用
			硬线连接	联锁较少时推荐采用
2	上位机软件/BPCS 系统	传输 SIS PLC I/O 参数、SOE 和系统设备诊断报警信息等；接收复位、超驰、校时和必要通信状态信息	工业以太网	与 SIS PLC 是同品牌产品时推荐采用
			串行通信	不同品牌产品时推荐采用，一般通过 BPCS 控制器上传
3	其他 SIS、FGS、BMS 等安全相关控制器	关停信号和关键参数	硬线连接	推荐采用
			工业以太网	与 SIS PLC 是同品牌产品时推荐采用

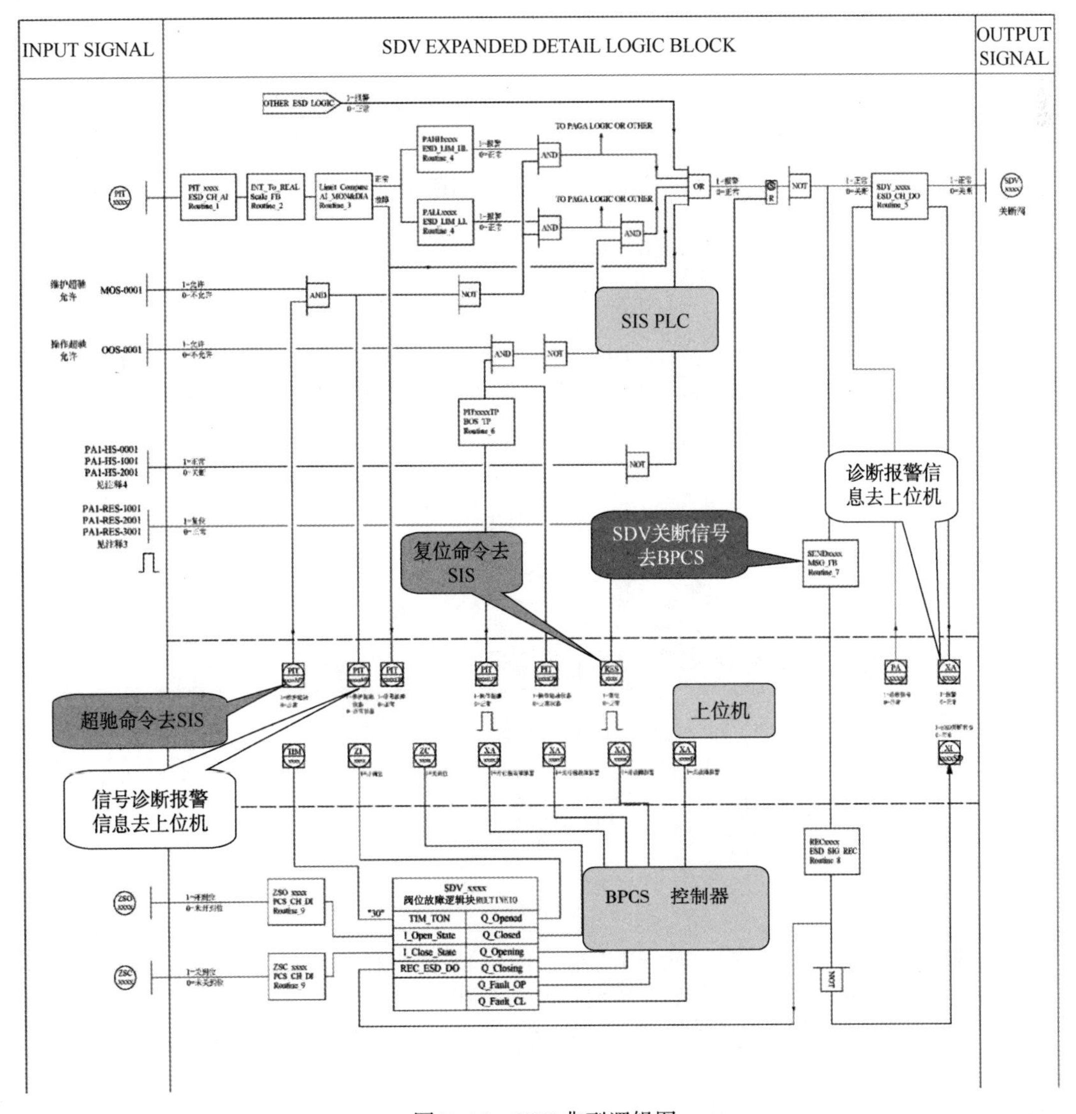

图 7-14　SDV 典型逻辑图

SIS PLC 与 BPCS 控制器通信有三种基本结构：

- 串行通信结构；
- 集成控制系统结构；
- BPCS 控制器桥接结构。

图 7-15 是最常用的结构形式，BPCS 控制器和 SIS PLC 分别通过控制网与上位机连接，完成数据监控与处理。两套控制器之间通过串行通信连接(一般是 RS 485)，由 SIS PLC 向 BPCS 控制器传送 SDV/BDV 阀开关信号和多值比较变送器信号，由 BPCS 完成阀门故障报警的逻辑判断。

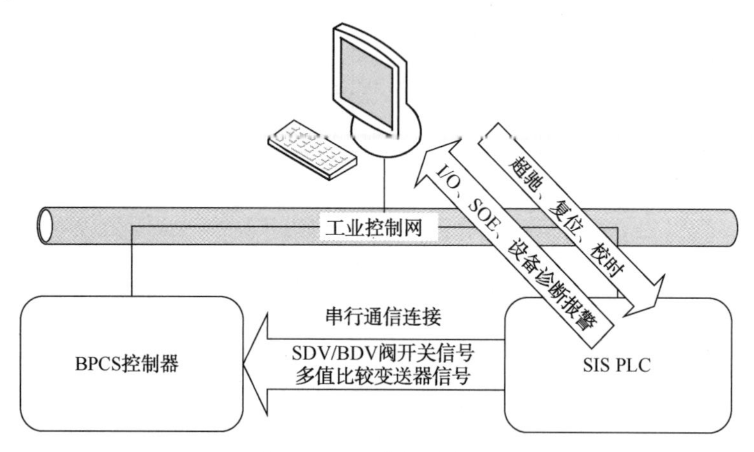

图 7-15　串行通信结构

图 7-16 是最有发展前途的结构，BPCS 和 SIS 通过工业控制网紧密集成，共享一套上位机系统。一般 BPCS 和 SIS 采用同一品牌，两套控制器间通过工业控制网直接传输 SDV/BDV 阀开关信号和多值比较变送器信号，或由上位软件将这些信息写给 BPCS 控制器。

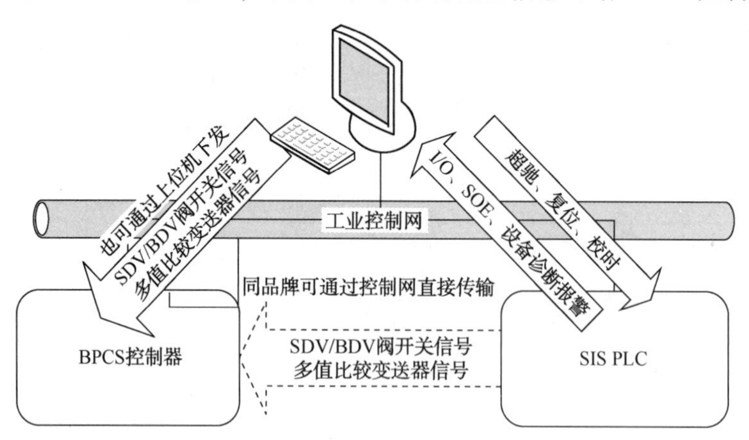

图 7-16　集成控制系统结构

图 7-17 是以前流行的结构，SIS PLC 不直接和上位机通信，所有信息先由 BPCS 控制器采集，BPCS 控制器再讲 SIS PLC 所有数据送给上位机。

所有通信需有详细的故障诊断信息，除了能显示通信的通断状态外，还应对请求、响应数据包总次数，成功次数、重试次数和失败次数等信息进行统计，用于通信诊断调试。通信状态应用图形方式显示，便于操作人员快速定位故障点，进行维护处理。见图 7-18。

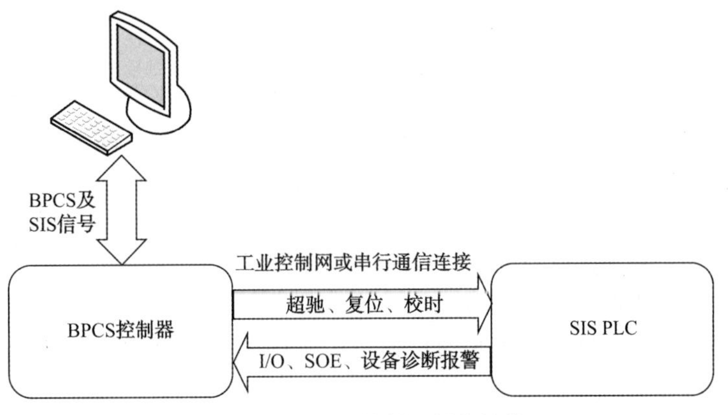

图 7-17　BPCS 控制器桥接结构

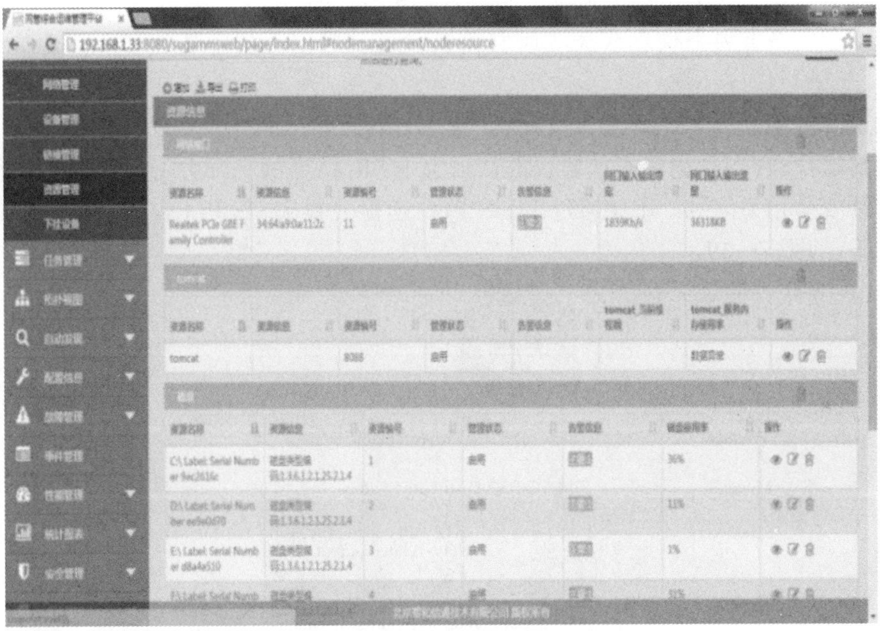

图 7-18　通信诊断和统计画面

7.4.2　安全仪表系统与基本过程控制系统间通信接口和网络应冗余。

条文说明： 无。

条文解释： 这条强调的是通信接口硬件和网络都应冗余，只有通信接口或只有网络冗余都是不满足要求的。

7.4.3　除复位信号、超驰信号、校时和必要的通信状态外，其他系统不应通过通信接口向安全仪表系统发送信号或指令。

条文说明： 无。

条文解释： 有些文件上强调 SIS PLC 是只读的，只向外发送数据、不接收外部的数据写入，这是不准确的。任何通信都是双向的，SIS PLC 也不例外。但考虑到 SIS 的重要性，应尽量少写入数据，可以写入 SIS PLC 的数据有：

- 复位信号：在设有硬手操盘时，建议通过硬手操盘的复位按钮实现。在有些未设置硬件复位按钮或需要从远程复位的场合，可以在 HMI 上完成，通过通信接口下发给 SIS PLC。

- 超驰信号：超驰一般采用硬件允许加软件超驰的方式实现，即先在硬手操盘上将超驰允许钥匙开关旋转到“超驰”位置，实现硬件允许；再在 HMI 界面上选择要超驰的仪表进行具体操作。在 HMI 上选择完成后，会通过通信接口传给 SIS 逻辑，开始超驰操作。
- 校时：校时一般有两种方式，一种是设一台时间服务器，可以是站内的 GPS/北斗服务器或站控服务器，SIS PLC 和其他控制设备和时间服务器同步；另一种是由 BPCS 控制器作为时钟源，将日期和时间写给 SIS PLC。
- 必要的通信状态：这个主要是通信协议要求的握手信号和判断 SIS PLC 是否运行的看门狗(Watch dog)信号等，都需要写数据。

还有一类信号是本规范不推荐的，但是实际工程中经常存在的信号，就是 SCADA 系统中的远程关断信号，这类信号也是有可能写入 SIS PLC 的。

7.4.4 多套安全仪表系统之间需要互相通信时，通信网络应冗余，通信协议应有 SIL 认证。

条文说明：无。

条文解释：SIS PLC 内部通信协议的认证也是 SIL 认证的一部分，安全仪表系统间通信传输的多是安全相关信号，比如通过主 SIS PLC 远程关断从 SIS PLC，因此要求通信协议应有 SIL 认证。见图 7-19。

Certification Mark:

Product: Safety-Related Programmable System

Model(s): SIMATIC S7 Distributed Safety

Parameters: Logic solver:1oo1D with coded processing and comparison by safety-related output modules

Fieldbus:1oo1 PROFIsafe

I/O modules:1oo2 with normally energized outputs.

图 7-19　通信协议的 SIL 认证

7.4.5 多套安全仪表系统之间有安全功能连接时，宜采用硬接线进行信号传递。

条文说明：无。

条文解释：多套安全仪表系统如果在一个站场内，相互之间有关停信号传递，或需要放在一个或多个 SIF 回路中进行安全完整性等级计算的场合，互相传递的信号建议通过硬接线进行连接。这样做一是控制的实时性和确定性高，二是可以分散风险，避免一个通信接口故障造成多个 SIF 回路失效。

7.4.6 通信负荷不应超过 50%。

条文说明：无。

条文解释：此条规定最大的通信负荷下，通信要有至少一倍的裕量，以保障通信的稳定性和可靠性，避免冲击通信负荷造成的系统失效。以下给出一个通信负荷的计算示例，不同厂商的计算公式可能不同，本示例仅供参考。

SIS PLC 的通信一般是基于工业以太网，传输数据由实时数据、控制器间交互数据和诊断数据组成，分别为：

- 实时数据(P)

是 SIS PLC 实时广播的数据流量，以字节为单位进行统计，包括 AI(4 个字节)、AO(4 个字节)、DI(1 个字节)、DO(1 个字节)、PID/控制功能块(16 个字节)等类型数据。

实时数据流量(P)= ∑类型位号数量×变量字节数×(1/组播周期)，其中组播周期单位为 s，假定 0.5s 组播一次。

- 控制器间交互数据(C)

是不同 SIS 或 BPCS 控制器间的数据交换流量，站间通信按每 1s 进行一次，通信量按 512 字节计算。

站间交互数据(C)= 控制器数量×512×1。

- 诊断数据(M)

是设备及通信状态诊断数据，控制器按每秒 640 个字节计算，I/O 模块按照每个模块 6 字节计算。

诊断数据(M)= 控制器数量×640+I/O 模块数量×6。

- 网络负荷(W)

为考虑以太网通信的帧头等数据，实际通信量按照理论通信量的 2 倍计算，字节折算为数据位需要乘 8。

网络负荷(W)= [实时数据(P)+控制器交互数据(C)+诊断数据(M)]×2×8/网络理论带宽×100%

另外还应该有操作员操作数据，但因为数据流量很小，一般忽略。

8　人机接口及外设

8.1　一般规定

8.1.1　安全仪表系统的操作员工作站及外设宜与基本过程控制系统共用。

条文说明：此规定主要是为了便于集中显示与操作，服务器、操作员站、硬手操盘、模拟显示屏、打印机等均可以共用。

条文解释：共用是为了便于集中监控且节省投资，但如SIS系统有特殊要求或强调独立性，也可分别设置。一般SIS工程师操作员站宜单独设置，打印机可单独设置。

8.1.2　服务器宜与基本过程控制系统共用，应符合现行国家标准《油气田及管道工程计算机控制系统设计规范》GB/T 50823—2013 4.2节的有关规定。

条文说明：无。

条文解释：GB/T 50823—2013 4.2节的有关规定如下：

4.2.1　服务器应具有下列主要功能：

1 数据采集：负责与I/O采集设备(控制器或其他外围智能设备)进行通信，完成实时数据采集、控制、整定和工程值转换，可对数据采集方式和轮询时间进行设定。

2 数据服务：对采集的实时I/O数据进行数据库存储，并应为系统的各种数据请求提供数据源服务。

3 报警：根据报警组态自动产生并记录报警。

4 事件：记录系统、操作及各类动作触发的事件。

5 报表及打印：根据组态自动或人工触发报表并输出。

6 历史数据记录：根据组态按一种或几种速率将实时数据保存在历史数据库中。

7 历史归档：系统自动或手动将数据归档备份，需要时能从外部存储中恢复数据。

8 网络通信管理：向下对控制网进行管理，调度服务器与各控制器和智能设备间的通信，处理各种接口及通信协议转换；可管理与操作员站、工程师站、远程工作站、外部服务器等的通信。

9 安全管理：根据设置和设定的安全策略校核数据及服务请求，允许合法用户的访问，禁止非法用户的请求。

4.2.2　服务器应根据系统规模、I/O吞吐量、数据响应设置。服务器应根据系统的可用性和实际需要采取单机、冗余或按集群方式配置。

4.2.3　服务器硬件应选用商用产品，操作系统软件应采用商用开放平台。

4.2.4　满负荷应用条件下服务器应符合下列规定：

1 CPU使用率除系统或程序启动外不应大于40%；

2 内存使用率不应大于50%；

3 网络占用率不应大于60%。

4.2.5 服务器应采用冗余热拔插硬盘和电源。

4.2.6 小型系统服务器可与操作员工作站合二为一。

8.2 操作员工作站

8.2.1 操作员工作站及接口的失效不应影响操作员采用适当的备用措施将过程带入安全状态，且安全仪表系统的自动功能不会受到影响。操作员接口的设计应符合下列要求：

1 安全仪表系统的应用软件不应通过操作员接口进行修改。

2 事件顺序记录(SOE)、报警记录及报告等功能可使用基本过程控制系统的外部设备完成。

条文说明：无。

条文解释：这些备用措施可以是系统内的直接操作硬件，通过硬手操盘关断按钮关断；也可以是直接动作SIS的支持系统，如直接给机柜断电等实现。

“不影响安全仪表系统的自动功能”主要强调操作员接口的故障，不能影响SIS PLC的正常运行，SIS PLC的自动功能不能缺失。

该条的第1款主要是强调安全仪表系统的应用软件只能在工程师操作员站或其他专门的编程设备上修改，不能在操作员工作站上修改。除了操作员工作站使用人较多，不好管理外，主要是因为SIS应用软件需要充分测试才能下装，编程和测试时间都比较长，在专门的计算机设备上修改即便于管理又不影响正常生产操作。

该条的第2款与8.1.1的要求一致，但SOE比较特殊，集成到上位软件较困难，大部分只能在SIS的工程师工作站上实现。

8.2.2 最终执行元件应由安全逻辑控制，不应在操作员工作站上进行除部分行程测试外的手动操作。

条文说明：SIS和FGS系统的最终执行元件，如紧急关断阀、紧急放空阀、雨淋阀等的开关控制，应由SIS/FGS PLC根据因果表逻辑判断完成，不应在BPCS画面上设置最终执行元件的手动操作开关/按钮。

另外，如果确实需手动操作只有两个途径：一是在工程师站上强制；二是通过对输入参数维护超驰，断开逻辑。采取这些措施会使系统处于维护(不安全)状态，工程师应尽快处理问题，尽早取消强制或超驰，使系统返回安全状态。

条文解释：为了安全，最好的方法是减少对人的依赖，停车过程应该是根据预设好的逻辑自动完成。加入手动操作，原来基于自动的SIF安全完整性等级计算就无效了，这也是为什么手动操作回路一般不计算SIL等级的原因。

笔者在不少工程中看到，流程中的SDV/BDV阀也像普通开关阀一样，可以在HMI上手动操作，这是非常危险，也违背了设计初衷。不知道大家注意过P&ID图的一个细节没有，在P&ID图例里需要在HMI上显示并操作的BPCS点是方形外框，相切的圆圈，中间横线是实线(横线上下写位号)；而SIS的点是方形外框，相切的菱形，中间横线是虚线。见图8-1。圆圈和菱形区分BPCS和SIS，实线和虚线表示“可见、可操作”和“不可见、不可操作”。因此从设计初衷来说，不希望通过BPCS操作SIS。

序号	共享显示、共享控制[1]		C	D	安装位置与可接近性[2]
	A	B			
	首选或基本过程控制系统	备选或安全仪表系统	计算机系统及软件	单台(单台仪表设备或功能)	
1					·位于现场 ·非仪表盘、柜、控制台安装 ·现场可视 ·可接近性-通常允许
2					·位于控制室 ·控制盘/台正面 ·在盘的正面或视频显示器上可视 ·可接近性-通常允许
					·位于控制室 ·控制盘背面 ·位于盘后[3]的机柜内 ·在盘的正面或视频显示器上不可视 ·可接近性-通常不允许
4					·位于现场控制盘/台正面 ·在盘的正面或视频显示器上可视 ·可接近性-通常允许
5					·位于现场控制盘背面 ·位于现场机柜内 ·在盘的正面或视频显示器上不可视 ·可接近性-通常不允许

BPCS常用图符,横线为实线,表示“可见、可操作”

SIS常用图符,横线为虚线,表示“不可见、不可操作”

图 8-1　常用 P&ID 自控系统图例

具体表现在显示画面上，如图 8-2 所示。为了画面简洁，除了专门的 SIS 画面外，SIS 参数一般是隐藏的，不会显示位号和参数值(同一点设置多块仪表的过程值可以在多值比较显示画面中查看，详见 9.2.4，仪表间有偏差时会报警，所以 HMI 上没必要同时显示)。只有在出现停车报警时，才会显示，提示操作员处理，如果发现是仪表故障可以进行维护超驰操作。

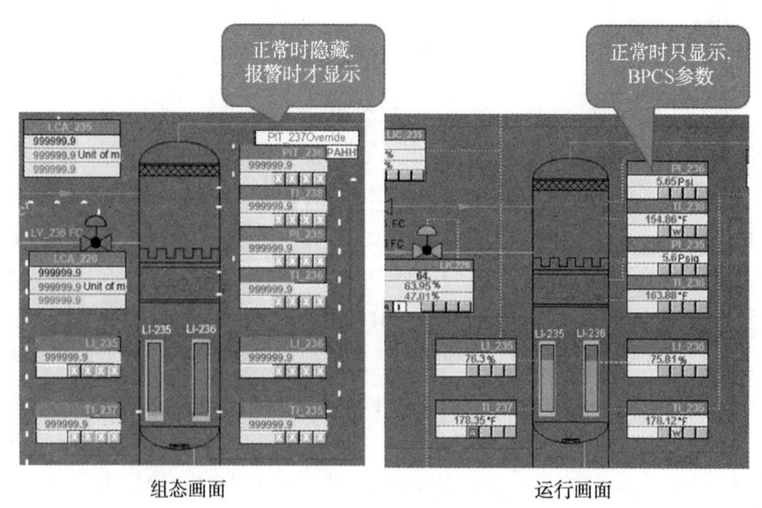

图 8-2　HMI 运行画面示例

8.2.3 操作员工作站设置的软件超驰开关应加键锁或口令保护，并应设置超驰状态报警和记录。

条文说明： 无。

条文解释： 如图 8-3 所示，一般超驰操作采用硬件允许开关加软件超驰开关的组合完成，需要先在硬手操盘上将超驰允许钥匙开关旋转到超驰允许状态，再在 HMI 选择具体的超驰软开关，两个同在超驰允许状态才能开始超驰操作。在这里超驰允许钥匙开关具有组授权功能，钥匙可以单独保存，通过一定的管理程序后才能授权操作。这样的组合可以有效实现超驰的管理，防止误操作或非授权操作。超驰允许钥匙开关打到允许状态才能进行具体的软操作，打到正常状态时会自动停止所有超驰操作，SIS 逻辑恢复正常。

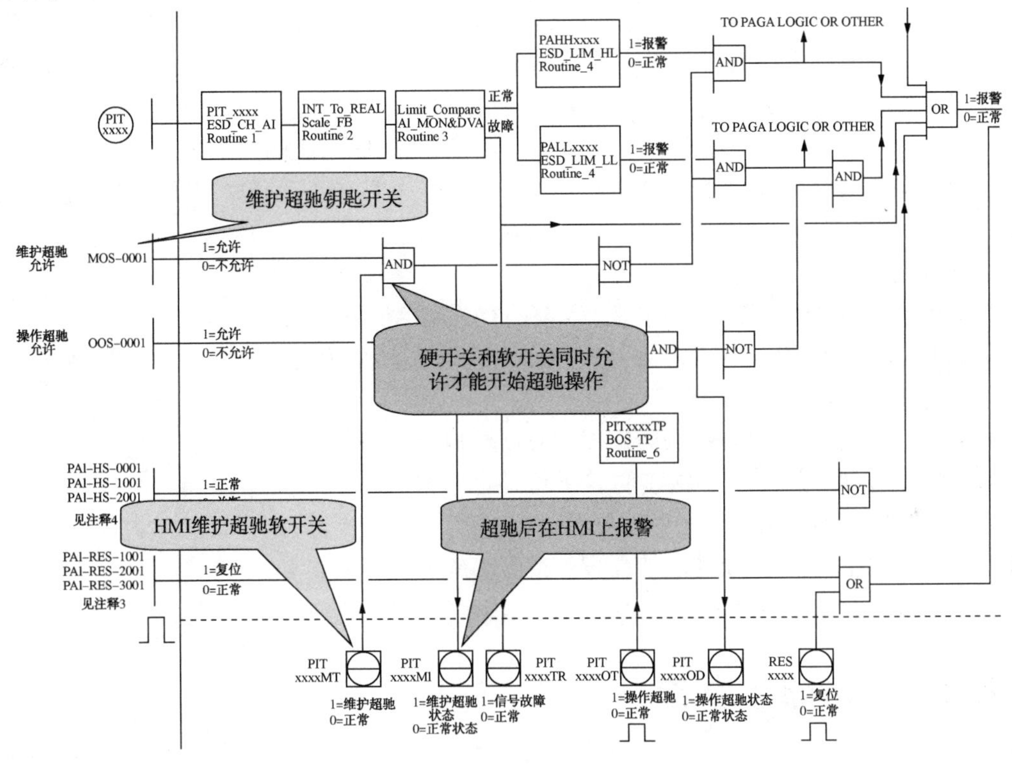

图 8-3 超驰逻辑图

8.2.4 操作员工作站还应符合现行国家标准《油气田及管道工程计算机控制系统设计规范》GB/T 50823—2013 4.3 节的有关规定。

条文说明： 无。

条文解释： GB/T 50823—2013 第 4.3 节的有关规定如下：

4.3.2 操作员工作站配置应符合下列规定：

1 操作员工作站可按权限和操作区域配置；

2 重要单元宜配置专用操作员工作站；

3 多台操作员站间应互为备用；

4 无人值守站场不宜设操作员工作站。

4.3.3 可根据需要设置无线或移动操作员站，此类操作员站应以监视和信息传送为主，不应具有操作和控制功能。

8.3 工程师工作站

8.3.1 工程师工作站的设计应符合下列要求：

1 工程师工作站及接口宜单独设置；

2 工程师工作站失效时不应影响安全仪表系统的功能。

条文说明：无。

条文解释：工程师工作站主要承担的任务有：SIS PLC 软件编程、调试、下载和程序运行监视工作，有的还作为 SOE 终端使用。在调试期间或非常时期，还可以通过软件禁止或强制某些参数。由于工程师工作站非常重要，为保证其安全，防止非授权人员篡改程序，应单独设置，且应有一定的物理或软件隔离措施。如单独放置在一个房间或区域，有强密码保护甚至设置双鉴密码保护。

工程师工作站失效可能会影响 SOE 显示，不应影响 SIS 系统的安全运行。

8.3.2 工程师工作站还应符合现行国家标准《油气田及管道工程计算机控制系统设计规范》GB/T 50823—2013 4.4 节的有关规定。

条文说明：无。

条文解释：GB/T 50823—2013 第 4.4 节的有关规定如下：

4.4.1 工程师工作站应执行系统及设备的组态/编程(离线、在线)、调试、修改、测试、装载等功能，可进行系统管理。

4.4.2 工程师工作站与控制器连接宜通过控制网。

4.4.3 工程师工作站的配置应符合下列规定：

1 工程师工作站应根据系统的需要配置；

2 中央控制室/调度控制中心应配置工程师工作站；

3 数量多、分布地域广的站场宜配置便携式工程师工作站。

8.4 辅助操作设备

8.4.1 安全仪表系统应配置硬手操盘。

条文说明：辅助操作设备需由最简单的机械电子器件组成，在人机界面出现故障后可作为最基本的报警和控制手段，辅助操作设备包括硬手操盘和(或)模拟显示盘(屏)。

条文解释：硬手操盘是紧急操作和 HMI 瘫痪后的最基本代用设备，应用最简单的电子器件搭建，直接与 SIS PLC 相连接(图 8-4)。不要用任何可编程设备，以简单实用为主，不宜做的花哨。另外与关停相关的按钮，需加护盖或防误触保护，避免误操作。

8.4.2 硬手操盘和模拟显示盘(屏)宜与 BPCS 辅助操作台(盘)合并设置。

条文说明：无。

条文解释：有些项目 BPCS 也会设辅助操作按钮和指示灯，如大泵或压缩机的启停按钮、指示灯等。这些按钮和指示灯多设在机柜盘面上，硬手操盘按钮(图 8-5)也可以和这些合并设置，合并设置时应有明显的区域区分，便于快速操作。

另外有些厂站也设了模拟显示屏(图 8-6)，用图形方式显示整个厂站的主要工艺和消防设施布置，加装指示灯用于报警。这些指示灯可以表示厂区各消防区域的火气报警状态、消防释放阀状态、停车报警状态等关键信息。模拟显示屏也是用最基本的电子器件搭建，直接与 SIS、FGS 或 BPCS 控制器连接，不应采用任何可编程控制。

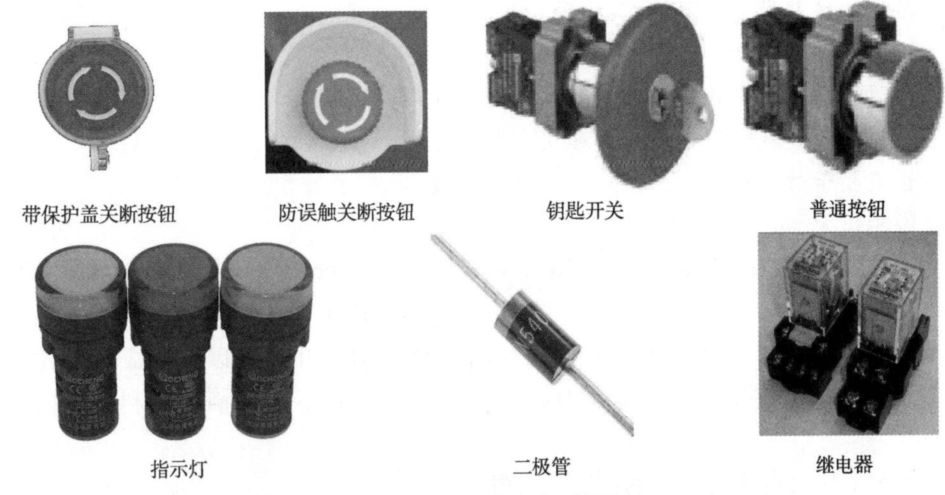

图 8-4　硬手操盘常用器件

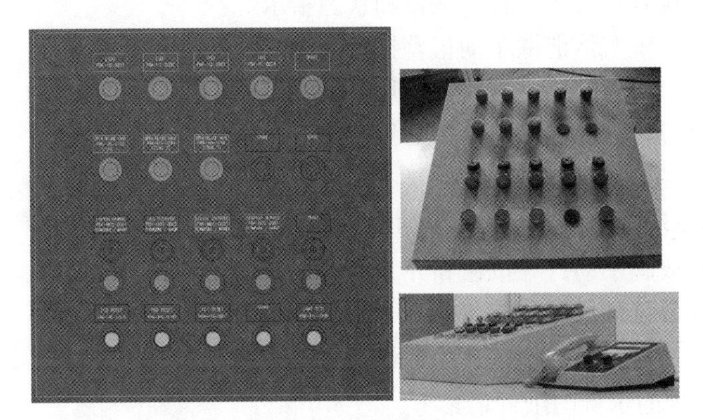

图 8-5　硬手操盘

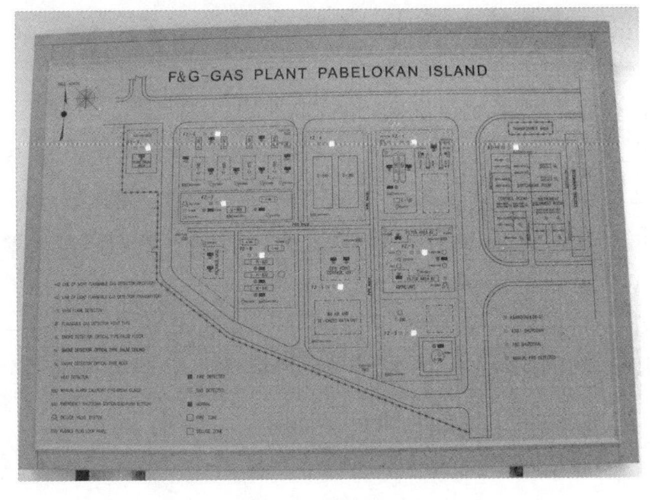

图 8-6　模拟显示屏

8.4.3 硬手操盘宜配置如下：

1 应按停车级别或区域设置 ESD 按钮，宜设置状态指示灯。

2 宜按停车级别设置复位按钮。

3 应按停车级别设置 ESD 公共报警指示灯。

4 宜设置系统正常指示灯。

5 应设置维护超驰允许钥匙开关和状态指示灯。

6 应设置操作超驰允许钥匙开关和状态指示灯。

7 应设置指示灯测试按钮。

条文说明：无。

条文解释：请注意硬手操盘上的指示灯都是公共报警指示灯，比如有任一个 PSD 报警发生，硬手操盘的 PSD 报警灯都点亮；有任一个超驰允许了，超驰允许指示灯才点亮。

为了盘面更简洁，有时维护超驰和操作超驰允许钥匙开关可以合并成一个超驰允许开关，多个级别复位按钮也可以合并为一个。但所有合并不能以牺牲便利性和安全性为原则。

硬手操盘上还会有火气系统的内容，一般有：

- 按消防分区设置火灾手动报警按钮和状态指示灯；
- 按消防分区设置气体泄漏手动报警按钮和状态指示灯；
- 按消防分区设置公共火灾报警指示灯；
- 按消防分区设置公共气体泄漏报警指示灯；
- 按消防分区设置消防启动按钮和状态指示灯；
- 设置消防泵/泡沫泵手动启动按钮和泵状态、故障指示灯；
- 设置消防释放阀手动打开按钮和开关状态指示灯；
- 设置火气报警复位按钮；
- 设置火气维护超驰允许钥匙开关和状态指示灯。

图 8-7 是某工程的示例图纸，请参考。

注：本图无停车公共报警指示灯、火气公共报警指示灯和雨淋阀释放指示灯，这些都在模拟显示屏上指示。

8.4.4 超驰开关设置应符合下列要求：

1 当超驰开关较少时，宜在硬手操盘上一对一设置。

2 当超驰开关较多时，宜在硬手操盘上设置超驰允许钥匙开关，单个回路的超驰软开关可在操作员工作站上选择并设置。

3 当超驰允许钥匙开关处于“允许超驰”状态时，可操作单回路超驰软开关。

条文说明：无。

条文解释：图 8-8 是某海外工程的现场照片，超驰开关都是一对一设置，显然太多、太杂乱，操作和查找都比较困难。这种情况合理的做法是采用硬件允许钥匙开关加 HMI 上软件开关的方式。

图 8-9 所示超驰按钮机柜示例(二)中按钮开关较少，一对一设置是合理的。

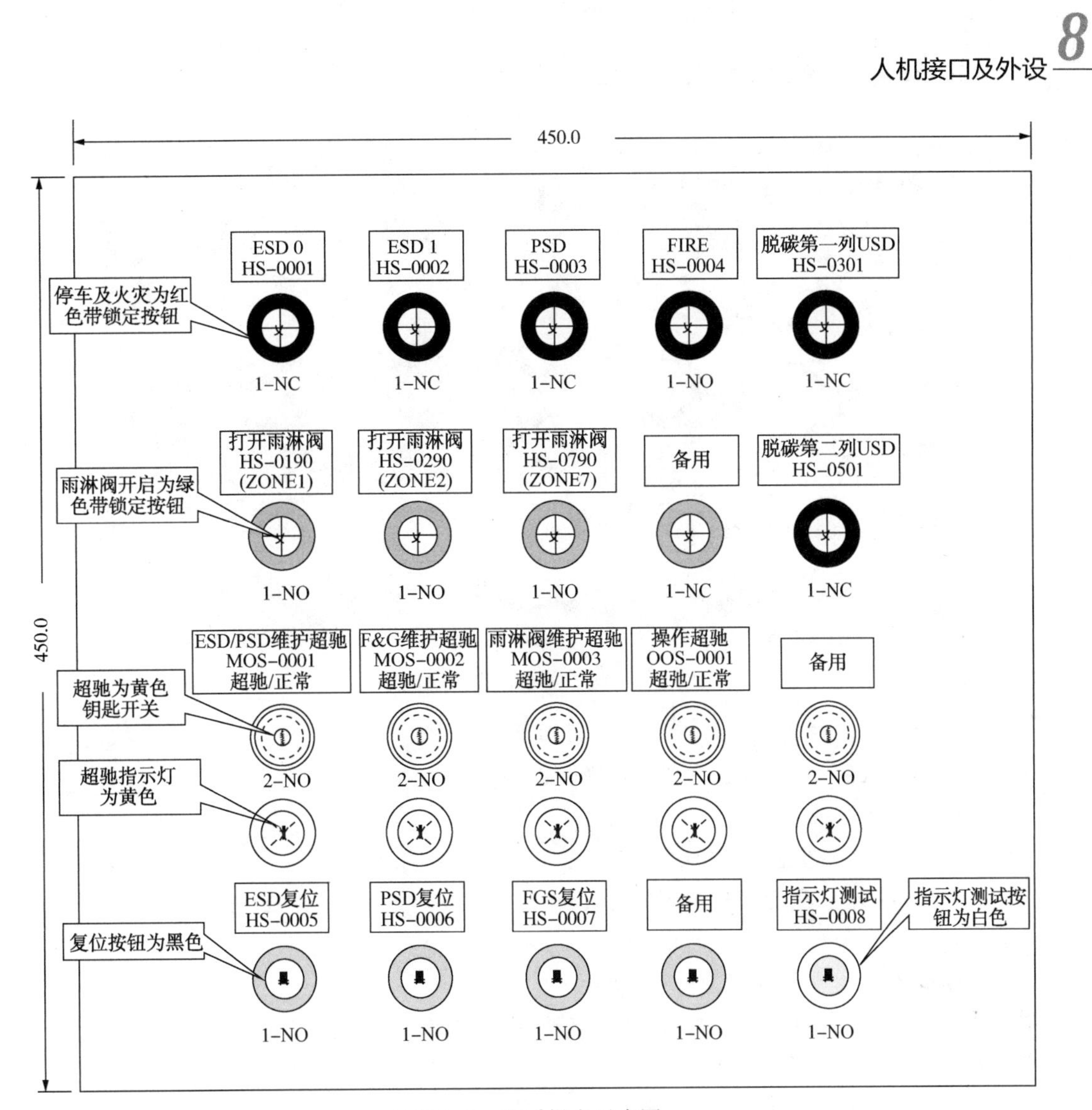

图 8-7　硬手操盘示意图

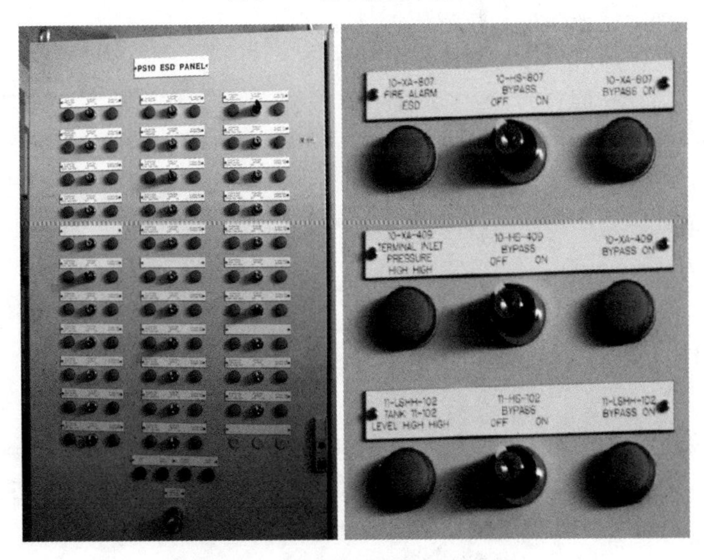

图 8-8　超驰按钮机柜示例(一)

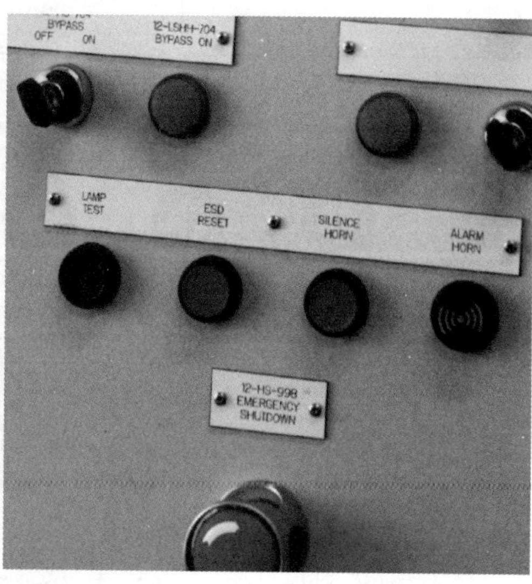

图 8-9 超驰按钮机柜示例(二)

8.4.5 辅助操作设备还应符合现行国家标准《油气田及管道工程计算机控制系统设计规范》GB/T 50823—2013 5.6 节的有关规定。

条文说明：无。

条文解释：GB/T 50823—2013 第 5.6 节的有关规定如下：

5.6.3 硬手操盘和模拟显示盘(屏)应通过硬接线与 SIS 和(或)FGS 连接。

5.6.4 硬手操盘应符合下列规定：

1 按钮应有防误触发保护；

2 ESD 和火灾、气体触发按钮应为红色带锁定按钮，相应指示灯应为红色；

3 复位按钮应为黑色；

4 维护超驰和操作超驰允许钥匙开关应为黄色，对应指示灯为黄色；

5 运行和正常指示灯为绿色，故障指示灯为红色；

6 硬手操盘应设置指示灯测试按钮，按钮为白色。

5.6.5 模拟显示盘(屏)应符合下列规定：

1 火灾、ESD 公共报警指示灯为红色；

2 气体泄漏公共报警指示灯为黄色；

3 消防释放阀释放和工厂健康状态指示灯为绿色；

4 测试按钮为白色。

8.5 外围设备

8.5.1 安全仪表系统宜设置报警打印机，宜与基本过程控制系统合用。

条文说明：安全仪表系统出现报警时，除应立即在屏幕上显示和记录外，还应实时在报警打印机上打印，可作为计算机系统存储出现故障时的硬备份，为事后事故分析保留第一手资料。所以本规范推荐安全仪表系统设置报警打印机，由于安全仪表系统报警打印负荷不大，可与 BPCS 报警打印机合用。

条文解释：无。

8.5.2 外围设备的设置还应符合现行国家标准《油气田及管道工程计算机控制系统设计规范》GB/T 50823—2013 第 4.8 节的有关规定。

条文说明：无。

条文解释：GB/T 50823—2013 第 4.8 节的有关规定如下：

4.8.1 BPCS 宜配置报警打印机和报表打印机，并可配置屏幕拷贝打印机。

4.8.2 操作员工作站和工程师工作站可配置专用键盘。

4.8.3 除键盘外，所有外设备及接口应采用通用产品。

4.8.4 机架安装的冗余服务器宜通过 KVM 切换器共享键盘、鼠标和显示器。

8.6 供电

8.6.1 安全仪表系统应采用 UPS 供电。

条文说明：无。

条文解释：由于大部分 SIS 回路均按励磁回路进行设计，断电意味着全部停车甚至是全油田/气田停产。因此供电是所有 SIS 系统外设中最重要的一环，必须精心设计且保留足够冗余。笔者建议**SIS 供电按双电源直供进行设计**，其中一路电源必须为 UPS 电源，必要时还可在 SIS 机柜增加专用小 UPS 作为最终的应急电源。

8.6.2 供电线路、开关和 24VDC 电源模块应冗余。

条文说明：无。

条文解释：此处的供电线路是指给 SIS 机柜供电的线路，应是双回路供电。开关是指供电回路上的主要开关，每个回路开关都应该相互独立。24V 电源模块指的是给 SIS 仪表供电的电源，也应该是冗余配置，另外 24V 电源去各 24V 总配电端子排的接线必须采用双回路(图 8-10)，避免一根线断线或接线端子虚接造成多块仪表同时失电。

8.6.3 安全仪表系统应采用独立回路由电气配电盘直供。

条文说明：配电直供即在供电回路中不再串接配电盘或其他用电设备，由电气配电盘直接引电缆到 SIS 控制柜。推荐按图 8-11(a)所示供电。

不推荐按图 8-11(b)所示供电。

条文解释：电源直供是保证 SIS 系统供电安全非常重要的一项措施，其优点主要有以下几点：

- 减小中间环节，保证电源以最简洁的路由送到 SIS 机柜，减少故障点和故障概率；
- 避免供电回路上并接其他不确定负载，甚至是吸尘器等民用负荷，减小供电回路过载或故障概率；
- 简化供电回路上开关配合计算，便于空开或断路器保护整定电流，提供整个回路的保护水平；
- 提高供电回路的可维护性，便于检修和故障定位及处理。

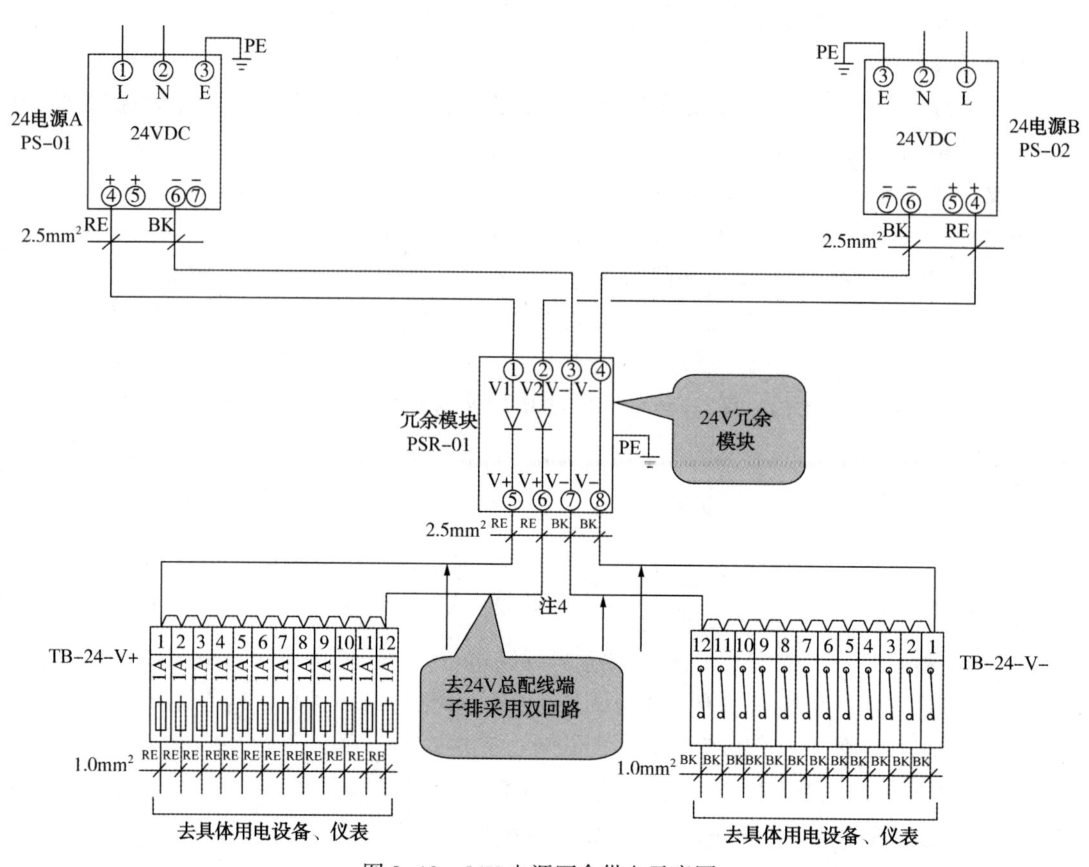

图 8-10　24V 电源冗余供电示意图

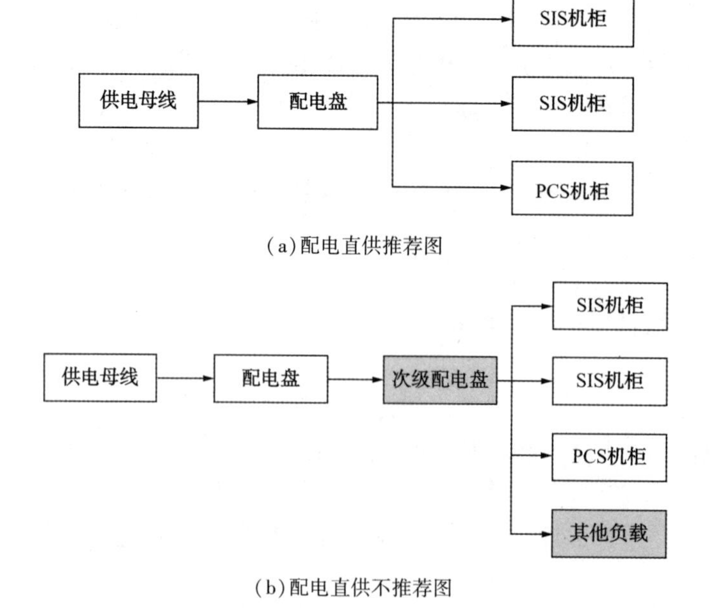

图 8-11　配电直供图

注：规范上不推荐图在此稍作修改，增加了“其他负载”。

笔者处理过一次国内某气田的全场关断事件，就是因为SIS供电回路并接了大屏幕等低级别负荷，这些低级别负荷的短路造成整个UPS电源的跳闸，从而导致SIS系统失电，全气田停产。事后对供电回路进行了改造，实现了SIS/BPCS系统的双电源直供，至今已连续运行近10年，没有再出现过类似问题。

8.6.4 安全仪表系统宜采用双电源供电。

条文说明：双电源可以是两路独立的UPS电源，也可以是一路UPS电源和一路非UPS电源。采用双电源供电时，安全仪表系统设置的双电源模块应具备两路非同期工频交流电源同时工作的条件。

条文解释：电专业对供电可靠性的排序是这样的：

双电源>冗余电源>单电源

在很多人印象里冗余电源是最可靠的，但实际上冗余电源必然有共用的节点(一般是静态转换开关)，如果共用节点失效了就相当于冗余电源一起失效了，因此冗余的UPS只能算一路电源。

SIS系统建议按最可靠的双电源设计，为节省投资双电源要求其中至少一路是UPS电源，另一路可以是稳压后的市电。

SIS的外接电源一般为交流电源，由于两个电源的相位可能不一致，所以机柜内的供电回路也必须严格区分开，这样做可以防止一路电源失效影响另一路运行。图8-12双回路供电示例图可参考。

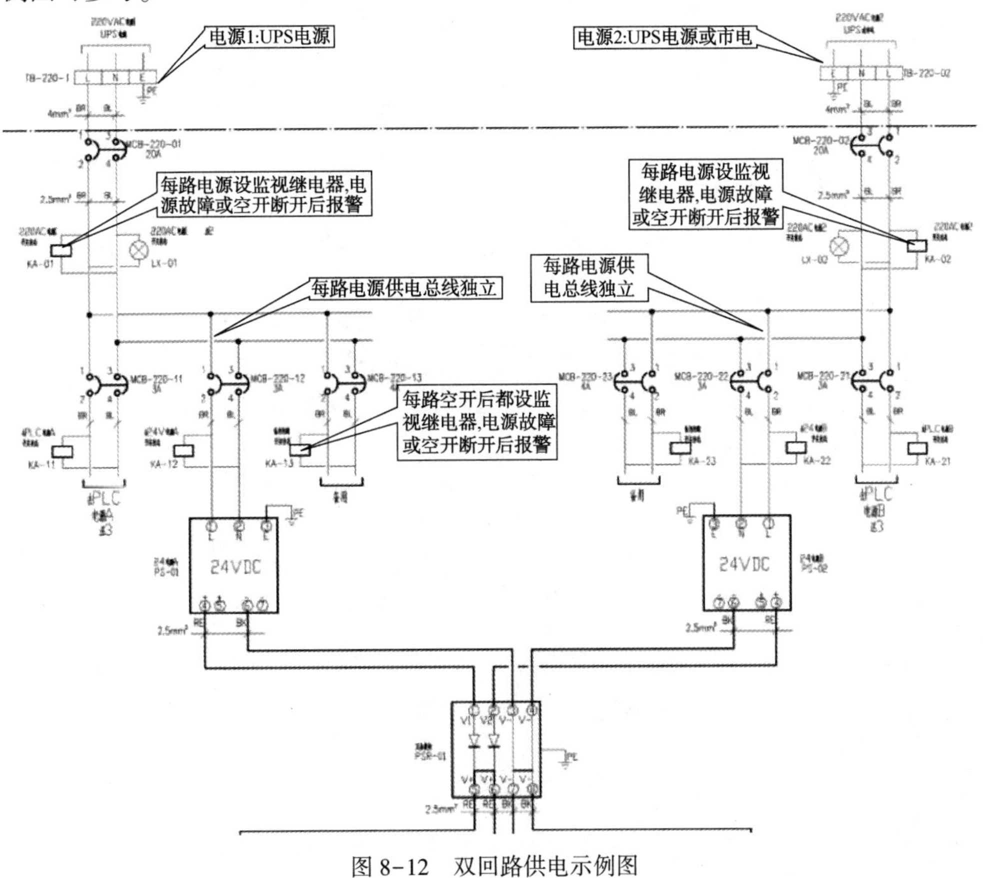

图8-12 双回路供电示例图

8.6.5 安全仪表系统中非励磁回路的执行元件，应采用 UPS 供电。

条文说明：典型如电动执行机构，停电后无法回到安全位置，应采用 UPS 供电，而且供电线路应做回路诊断及报警。

条文解释：如果容量要求比较大时，也可采用 EPS(全称 Emergency Power Supply，即应急电源)给电动阀供电。EPS 掉电切换时间是百毫秒级，不满足自控系统要求，但给电动阀供电没有问题。EPS 成本要比 UPS 便宜得多。

关于供电回路的诊断请参见本书 4.3.5。

9 应用软件

9.1 编程及组态

9.1.1 编程、组态软件应具有以下功能：

1 编程及组态管理。

2 提供标准功能模块。

3 编程及组态检查。

4 仿真及测试。

5 通信管理。

条文说明：无。

条文解释：这些是软件的基本功能，其中仿真和测试主要是指控制器、逻辑和I/O的仿真，编程人员可以利用仿真功能在没有实际硬件的情况下进行编程和调试，与工艺仿真无关。

9.1.2 安全仪表系统ESD功能编程应采用负逻辑。

条文说明：无。

条文解释：正负逻辑是数字电路的两个概念：

- 将高电平对应逻辑1，低电平对应逻辑0，称为正逻辑(Positive Logic)，见图9-1。

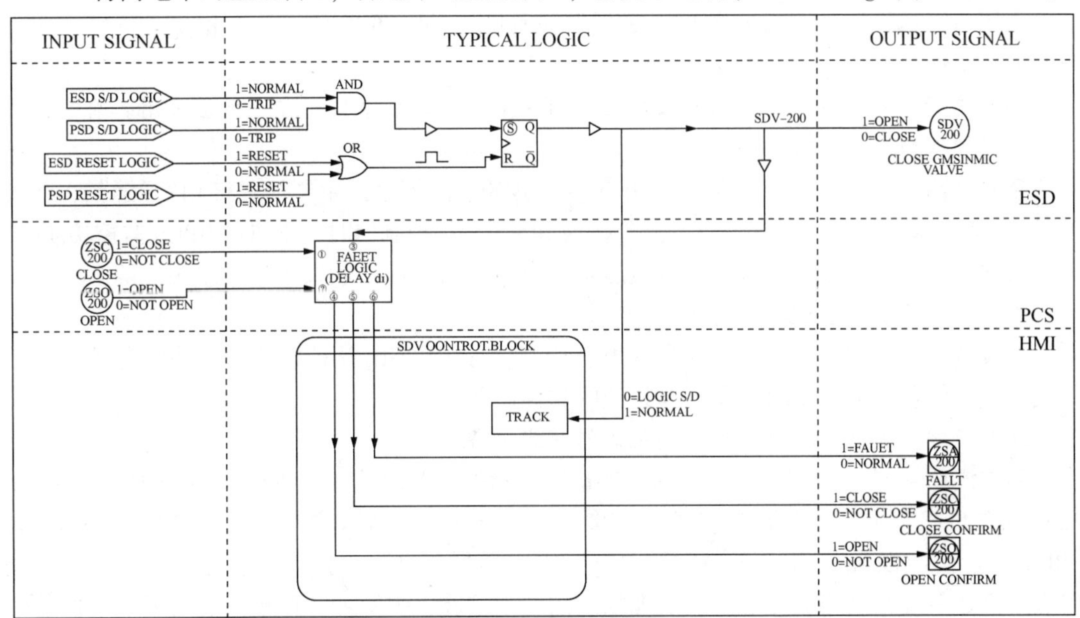

图9-1 ESD负逻辑示意图

• 反之，将高电平对应逻辑 0，低电平对应逻辑 1，称为负逻辑(Negative Logic)，见图 9-2。

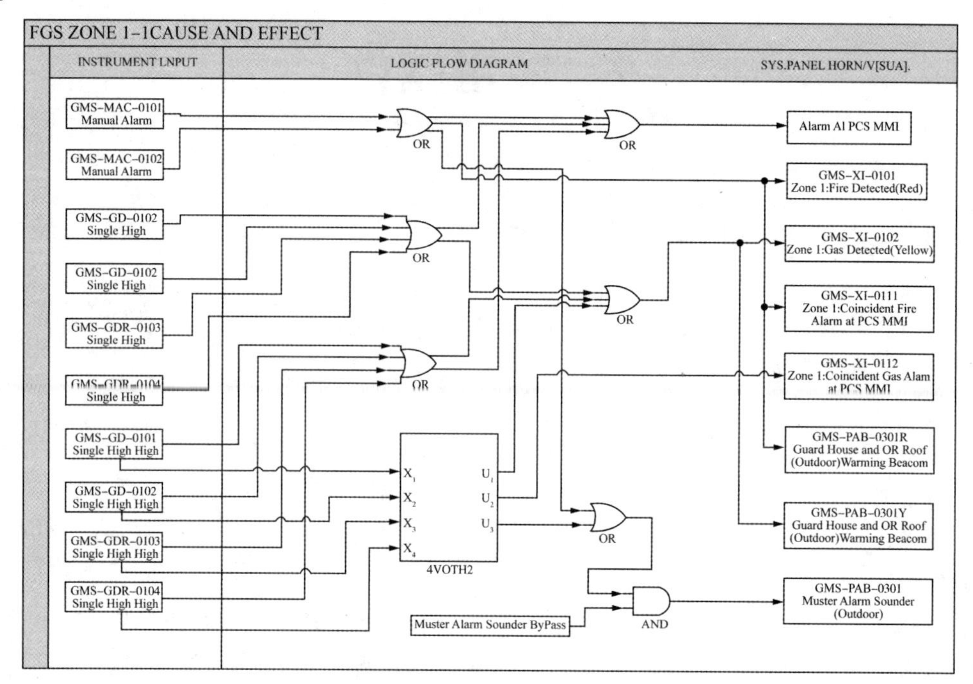

图 9-2　FGS 正逻辑示意图

而在 SIS 逻辑设计或组态时要引用有效电平的概念，有效电平是指系统要求的动作电平。ESD 功能的有效电平是低电平，即高电平 1 为正常、低电平 0 为停车。这个正好与 BPCS 或 FGS 要求的正逻辑是相反的，在 BPCS 和 FGS 中，逻辑有效电平是低电平 0 为正常，高电平 1 为动作或报警。

采用负逻辑设计与 ESD 功能的励磁回路设计相对应，低电平是动作和安全位置，便于与实际系统保持一致。

9.1.3　安全仪表系统用户程序应分为安全区和非安全区，安全区应采用具有 SIL 认证的编程软件/模块/语言包编程。

条文说明：安全区主要是执行与 SIF 有关的逻辑；非安全区主要处理与 BPCS 通信，接收校时、超驰、复位和通信诊断信息，另外在与 BPCS 合用控制器时，也执行 BPCS 监控功能。

条文解释：安全程序部分一般按负逻辑组态，非安全区一般按正逻辑组态。两个区分开便于程序管理，也便于逻辑优先级的分配。

非安全区的编程不受限制，安全区组态和编程需按照 SIL 认证建议的软件，选用有认证的模块或软件包完成，不得采用没有认证的软件产品。

9.1.4　安全区不应使用结构化文本语言编程。

条文说明：结构文本(Structured Text)是一种高级语言，与顺序功能图(Sequential Function Chart，SFC)、梯形图(Ladder Diagram，LD)、功能块图(Function Block Diagram，FBD)、指令表(Instruction List，IL)同是国际电工委员会 IEC 61131-3 定义的五种 PLC 标准编程语言之一。结构化文本语言能实现复杂的数学运算，编写的程序更加简洁紧凑。但其中会用到跳转、循环等指令，这些宜造成程序运行的不确定性，严重时会导致死循环，所以不推荐用于安全区程序的编程。

条文解释：

（1）IEC 61131-3 定义的五种 PLC 标准编程语言示例

IEC 61131-3 定义了 PLC 五种编程语言的基本语法和语义，这五种编程语言分为三类：

- 文本语言：指令表(IL)和结构化文本(ST)；
- 图形语言：梯形图(LD)和功能块图(FBD)；
- 顺序功能图(SFC)：用于顺序控制，允许用户通过图形化标准化接口控制程序块运行，这些程序块可以用上面四种语言编写。

其中最常用的是梯形图和功能块图，其他三种语言(尤其是在 BPCS)也会用到，图 9-3~图 9-7 是几个工程实例，请参考。

STL		解释
A	I 0.0	//由光电屏障1生成的各个脉冲
CU	C1	//将计数器C1的计数值增加1,借此计算进入存储区域的包裹数量。
		//
A	I 0.1	//由光电屏障2生成的各个脉冲
CD	C1	//将计数器C1的计数值减少1,借此计算离开存储区域的包裹数量。
		//
AN	C1	//如果计数值为0,
=	Q 4.0	//则"存储区域已空"的指示灯亮起。
		//
A	C1	//如果计数值不为零,
=	A 4.1	//则"存储区域非空"的指示灯亮起。
		//
L	50	
L	C1	
<=I		//如果计数值大余等于50,
=	Q 4.2	//则"50%存储区域已满"的指示灯亮起。
		//
L	90	
>=I		//如果计数值大于等于90,
=	Q 4.3	//则"90%存储区域已满"的指示灯亮起。
		//
L	Z1	
L	100	
>=I		//如果计数值大于等于100,
=	Q 4.4	//则"存储区域已填满"的指示灯亮起。
		//(您也可使用输出Q 4.4来锁定传送带1。)

图 9-3　指令表(IL)示例

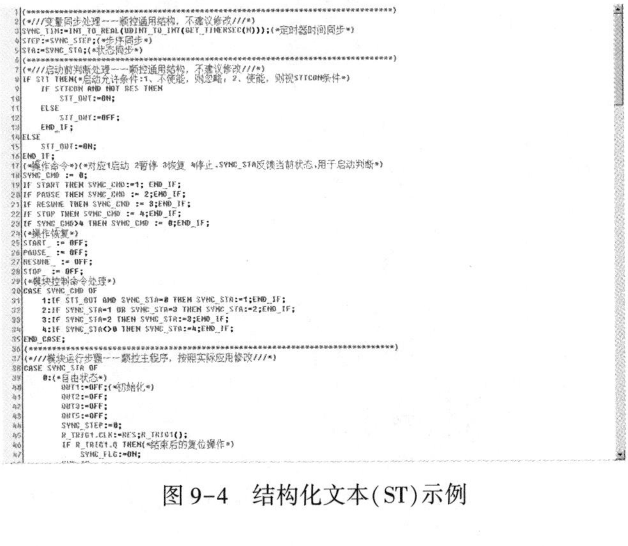

```
1 (****************************************************************************)
2 (*///变量同步处理——顺控通用结构，不建议修改///*)
3 SYNC_TIM:=INT_TO_REAL(UDINT_TO_INT(GET_TIMERSEC(M)));(*定时器时间同步*)
4 STEP:=SYNC_STEP;(*步序同步*)
5 STA:=SYNC_STA;(*状态同步*)
6 (****************************************************************************)
7 (*///启动前判断处理——顺控通用结构，不建议修改///*)
8 IF STT THEN(*启动允许条件:1、不使能，则忽略；2、使能，则视STTCON条件*)
9     IF STTCON AND NOT RES THEN
10        STT_OUT:=ON;
11    ELSE
12        STT_OUT:=OFF;
13    END_IF;
14 ELSE
15    STT_OUT:=ON;
16 END_IF;
17 (*操作命令*)(*对应1启动 2暂停 3恢复 4停止.SYNC_STA反馈当前状态,用于启动判断*)
18 SYNC_CMD := 0;
19 IF START THEN SYNC_CMD:=1; END_IF;
20 IF PAUSE THEN SYNC_CMD := 2;END_IF;
21 IF RESUME THEN SYNC_CMD := 3;END_IF;
22 IF STOP THEN SYNC_CMD := 4;END_IF;
23 IF SYNC_CMD>4 THEN SYNC_CMD := 0;END_IF;
24 (*操作恢复*)
25 START_ := OFF;
26 PAUSE_ := OFF;
27 RESUME_ := OFF;
28 STOP_ := OFF;
29 (*模块控制命令处理*)
30 CASE SYNC_CMD OF
31    1:IF STT_OUT AND SYNC_STA=0 THEN SYNC_STA:=1;END_IF;
32    2:IF SYNC_STA=1 OR SYNC_STA=3 THEN SYNC_STA:=2;END_IF;
33    3:IF SYNC_STA=2 THEN SYNC_STA:=3;END_IF;
34    4:IF SYNC_STA<>0 THEN SYNC_STA:=4;END_IF;
35 END_CASE;
36 (****************************************************************************)
37 (*///模块运行步骤——顺控主程序，按照实际应用修改///*)
38 CASE SYNC_STA OF
39    0:(*自由状态*)
40        OUT1:=OFF;(*初始化*)
41        OUT2:=OFF;
42        OUT3:=OFF;
43        OUT5:=OFF;
44        SYNC_STEP:=0;
45        R_TRIG1.CLK:=RES;R_TRIG1();
46        IF R_TRIG1.Q THEN(*结束后的复位操作*)
47            SYNC_FLG:=ON;
```

图 9-4　结构化文本(ST)示例

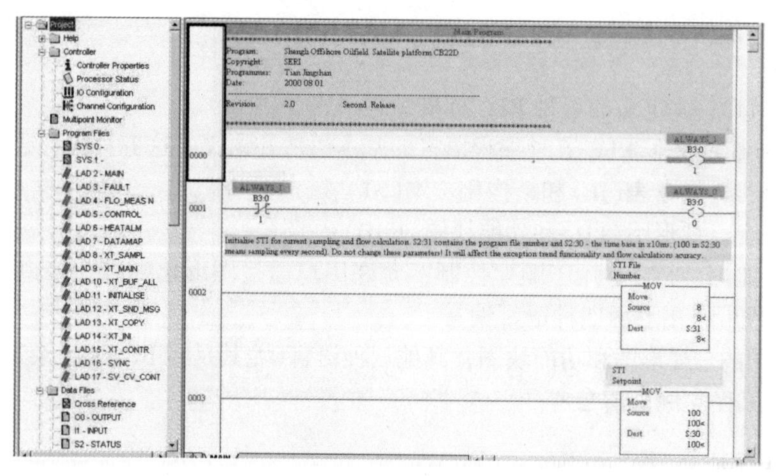

图 9-5　梯形图(LD)示例

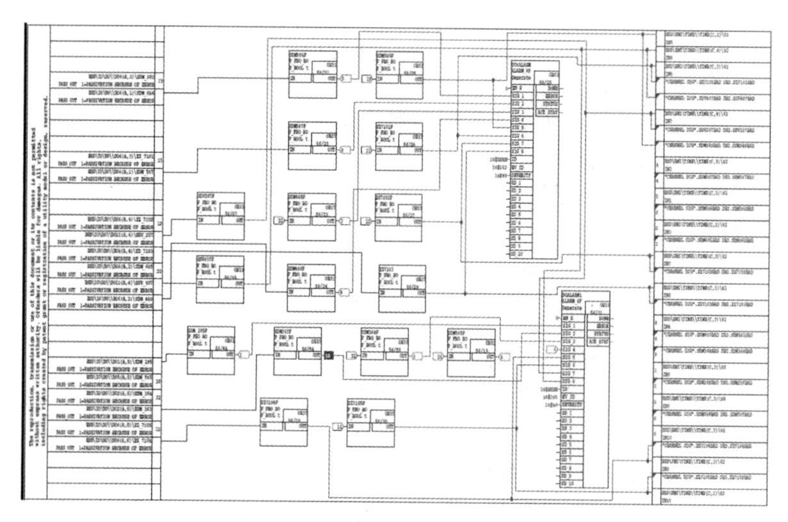

图 9-6　功能块图(FBD)示例

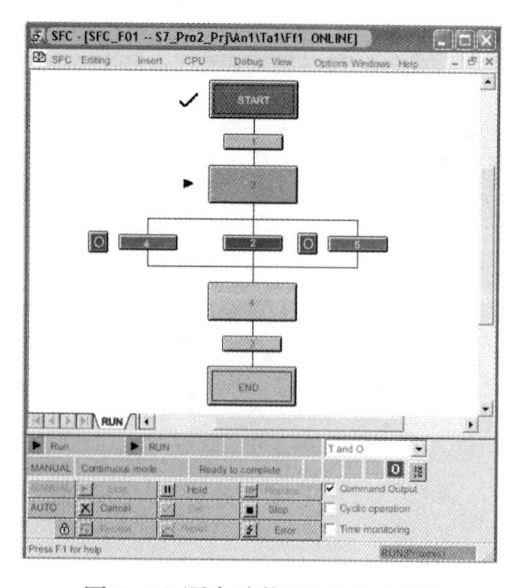

图 9-7　顺序功能图(SFC)示例

（2）IEC 61511-2014 part2 关于 SIS 应用程序不推荐使用结构化文本主要语句的要求

以下是原文：

D. 2　SIS logic solver application development software

c) A number of structured text language statements were not supported since they can cause looping(for example FOR…END_FOR, WHILE…END_WHILE and REPEAT…END_REPEAT).

翻译：D. 2　SIS 逻辑控制器应用软件开发

C)不支持许多结构化文本语言语句，因为它们可能导致循环(如 FOR…END_FOR, WHILE…END_WHILE and REPEAT…END_REPEAT)。

（3）某品牌《SIS 安全手册》中不推荐采用 ST 语言的要求

以下是某品牌《SIS PLC 安全手册》1756-rm001_-en-p. pdf 第 7 章对 SIS 程序开发的要求：

Programming Languages

It is good engineering practice to keep safety-related logic as simple and easy to understand as possible. The preferred language for safety-related functions is ladder logic, followed by function block. Structured text and sequential function chart are not recommended for safety-related functions. Use of the Sequence Manager feature is not recommended for safety-related functions.

画线部分推荐 SIS 应用程序编制采用梯形图和功能块图，涂色部分表示不推荐使用 ST 语言和顺序功能图。

9.1.5　在安全区程序中不应使用跳转指令。

条文说明：无。

条文解释：跳转指令是软件编程中常用指令，但是容易造成死循环和意外跳转造成软件宕机，所以不应用于安全区程序。IEC 61511—2014 part2 也不建议采用跳转指令，以下是关于不支持跳转的原文：

D. 2　SIS logic solver application development software

b) The use of IEC 61131-3 graphic execution control elements(for example, unconditional jumps, conditional jumps, unconditional returns and conditional returns) were not supported since they can lead to looping and unintended bypassing of elements that should be executed(see C. 4. 6 in IEC 61508-7).

翻译：D. 2　SIS 逻辑控制器应用软件开发

b) 不建议使用 IEC 61131-3 语言中的跳转控制指令(例如：无条件跳转、有条件跳转、无条件返回和有条件返回等)，因为它们可能会导致可执行程序的死循环和意外跳转。

9.2　显示画面

9.2.1　SIS 应设独立操作画面，宜与 BPCS 合并设置维护画面。

条文说明：无。

条文解释：画面独立便于更简洁高效的操作，快速定位报警和停车区域。SIS 画面宜以全厂性和综合性展示 SIS 相关参数和逻辑为主，详细的流程图画面可以与 BPCS 合并。

9.2.2　操作画面宜包括以下内容：

1　停车层次图，可显示各级别停车的关系和停车因果联系，显示所有停车原因与结果的对应状态。

2 SIS 流程图，根据 P&ID 开发，仅显示 SIS 参数的动态流程图画面。

3 SIS 维护超驰画面，以列表及图标方式显示每个停车的因果关系，每一停车原因可单独设置维护超驰/正常状态。

4 SIS 操作超驰画面，以列表及图标方式显示每个需超驰回路的输入、输出关系，对每个回路可单独设置操作超驰开关、延时时间、剩余时间和剩余时间报警。

5 SIS 数据总貌画面，列表显示所有 SIS 相关参数值。

条文说明：无。

条文解释：图 9-8～图 9-12 是几个典型画面示例，请参考。

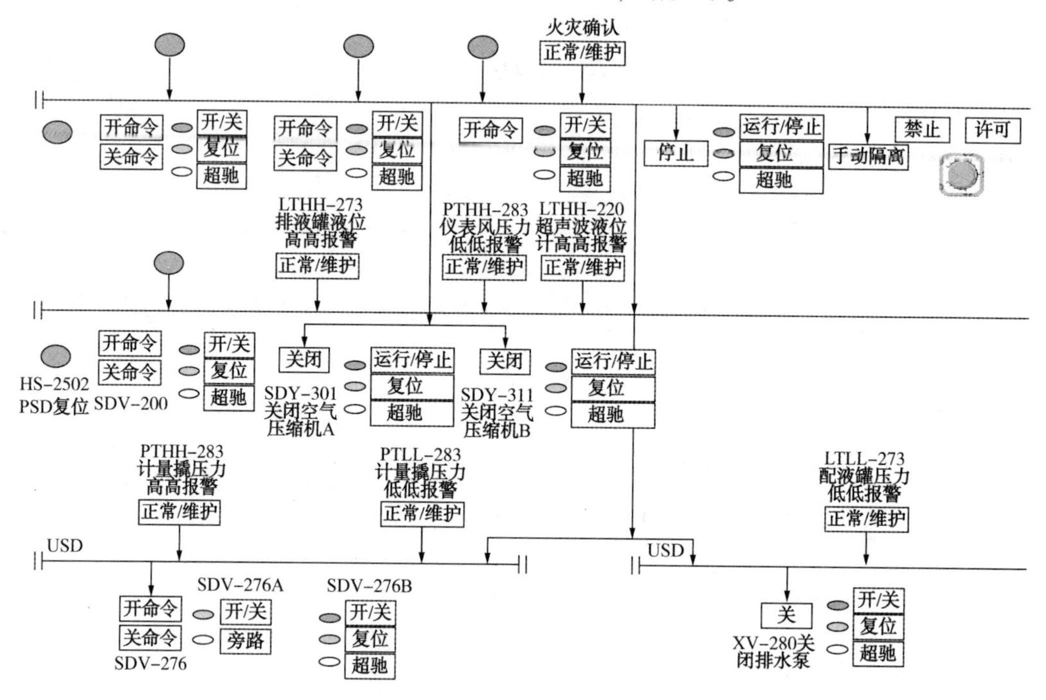

图 9-8 停车层次图

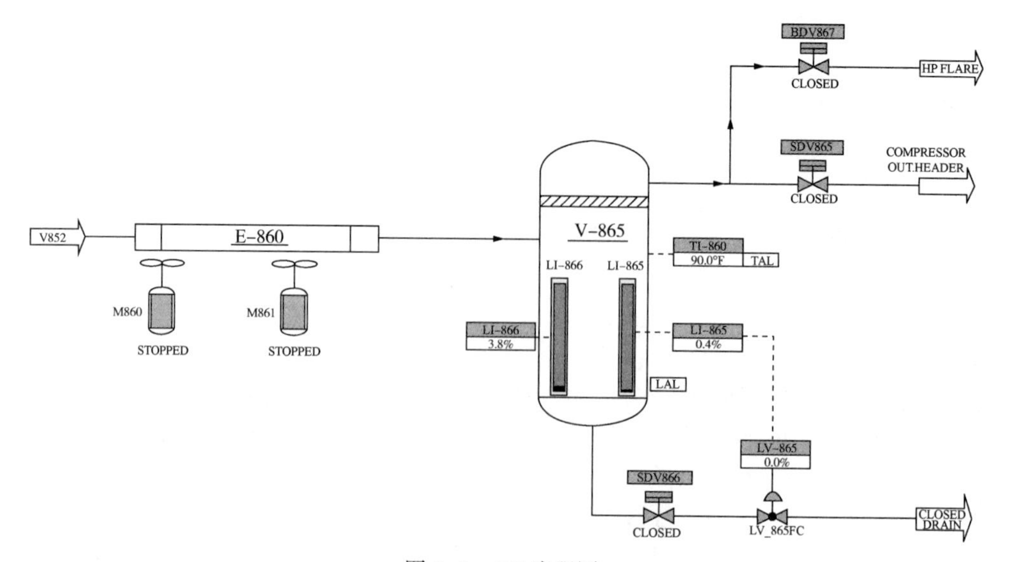

图 9-9 SIS 流程图

位号	P&ID	描述	触发源	状态	超驰	结果
MOS-0001		ESD/PSD超驰	MOS-0001	超驰		
PIT-117	PBA-11100	M-115 GAS IN LINE	PALL-117	正常	○	PSD
LIT-920	PBA-11101	V-920金属接收液位	LAHH-920	正常	●	PSD
			LALL-920	报警		SDV-922
PIT-921	PBA-11101	V-920气相压力	PAHH-921	正常	○	PSD
LIT-141	PBA-11104	V-920冷却塔液位	LAHH-141	正常	●	PSD
			LALL-141	报警		SDV-142
LIT-208	PBA-11211	F-215过滤分离器底部液位	LAHH-208	正常	○	胺发生器1USD
			LALL-208	正常		SDV-207
PIT-205	PBA-11211	F-205天然气出口管线	PAHH-205	正常	○	胺发生器1USD
			PALL-205	正常		胺发生器1USD
LIT-216	PBA-11212	V-215胺接触罐液位	LAHH-216	正常	○	胺发生器1USD
			LALL-216	正常		胺发生器1USD
PDIT-215	PBA-11212	V-215进出口管线	PDHH-215	正常	○	胺发生器1USD
PIT-217	PBA-11212	V-215天然气出口管线	PAHH-217	正常	○	胺发生器1USD
LIT-221	PBA-11213	V-220闪蒸罐液位	LAHH-221	正常	○	胺发生器1USD
			LALL-221	正常		胺发生器1USD
PIT-221	PBA-11213	V-220顶端	PAHH-221	正常	○	胺发生器1USD
PIT-310	PBA-11214	P-310出口管线	PALL-310	报警	●	P-310
PIT-315	PBA-11214	P-315出口管线	PALL-315	正常	○	P-315
LIT-236	PBA-11215	V-235胺蒸馏罐液位	LAHH-236	正常	○	胺发生器1USD
			LALL-236	正常		胺发生器1USD
PDIT-320	PBA-11215	热油入口和出口管线	PAHH-320	正常	○	胺发生器1USD/SDV-325
PIT-236	PBA-11215	V-220顶端	PAHH-236	正常	○	胺发生器1USD
PIT-301	PBA-11217	过滤器进口管线	PAHH-301	正常	○	胺发生器1USD
LIT-246	PBA-11218	V-245回流累计罐液位	LAHH-246	正常	●	胺发生器1USD
			LALL-246	报警		P-265/270/280/285
PIT-265	PBA-11218	P-265排出管线	PALL-265	正常	●	P-265
PIT-270	PBA-11218	P-270排出管线	PALL-270	报警	●	P-265
PIT-280	PBA-11218	P-280排出管线	PAHH-280	正常	●	P-265
			PALL-280	正常		
PIT-285	PBA-11218	P-285排出管线	PAHH-285	正常	●	P-265
			PALL-285	报警		P-265
XI-280	PBA-11218	P-280停止	XI-280	停止	○	SDV-218
XI-285	PBA-11218	P-285停止	XI-285	停止	○	SDV-218

图 9-10 维护超驰画面

位号	P&ID	描述	状态	OOS	启动时间(s)	剩余时间(s)	结果
BOS-0001		操作超驰		正常			
LALL-602	PBA-11401	乙二醇入口导流板液位	报警	○	600	0	PSD
LALL-604	PBA-11401	乙二醇储灌液位	正常	○	600	0	PSD
PALL-602	PBA-11401	V-600乙二醇接触器出口压力	报警	○	600	0	PSD
LALL-617	PBA-11403/2	乙二醇挡板液位	报警	○	600	0	PSD
LALL-645	PBA-11403/2	TEG调压容器液位	正常	○	600	0	PSD
PALL-660	PBA-11404	P-660出口乙二醇压力	报警	○	600	0	PSD
PALL-665	PBA-11404	P-660出口乙二醇压力	报警	○	600	0	PSD
LALL-636	PBA-11405	天然气洗涤塔液位	正常	○	600	0	PSD
PALL-635	PBA-11405	天然气洗涤塔压力	正常	○	600	0	PSD
PALL-945	PBA-11406	外输管线	报警	○	1800	0	PSD
PALL-807	PBA-11501	燃气洗涤塔	正常	○	600	0	PSD
PALL-205	PBA-11211	F-205天然气出口管线	正常	○	600	0	胺发生器1USD
LALL-216	PBA-11212	V-215胺接触器液位	正常	○	600	0	胺发生器1USD
LALL-221	PBA-11213	V-220闪蒸罐液位	正常	○	600	0	胺发生器1USD
LALL-236	PBA-11215	V-235胺蒸馏柱液位	正常	○	600	0	胺发生器1USD
PALL-265	PBA-11218	P-265排出管线	正常	○	600	0	P-265
LALL-246	PBA-11218	V-245回流罐液位	报警	○	600	0	P-265/270/280/285
PALL-270	PBA-11218	P-270出口管线	报警	○	600	0	P-270
PALL-280	PBA-11218	P-280出口管线	正常	○	600	0	P-280
PALL-285	PBA-11218	V-235胺蒸馏罐液位	报警	○	600	0	P-280
PALL-310	PBA-11214	P-310排出管线	报警	○	600	0	P-310
PALL-315	PBA-11214	P-315排出管线	正常	○	600	0	P-315
PALL-405	PBA-11221	F-405天然气出口管线	正常	○	600	0	胺发生器2USD
LALL-416	PBA-11222	V-415胺接触器液位	正常	○	1200	0	胺发生器2USD
LALL-421	PBA-11223	V-420闪蒸罐液位	正常	○	600	0	胺发生器2USD
LALL-436	PBA-11225	V-435蒸馏柱液位	正常	○	600	0	胺发生器2USD
PALL-465	PBA-11228	P-465排出管线	报警	○	600	0	P-465
LALL-446	PBA-11228	V-445回流罐液位	正常	○	600	0	P-465/470/480/485
PALL-470	PBA-11228	P-470 排出管线	报警	○	600	0	P-470
PALL-480	PBA-11228	P-480排出管线	报警	○	600	0	P-480
PALL-485	PBA-11228	P-485排出管线	报警	○	600	0	P-485
PALL-510	PBA-11224	P-510排出管线	正常	○	600	0	P-510
PALL-515	PBA-11224	P-510排出管线	报警	○	600	0	P-515

图 9-11　操作超驰画面

位号	值	描述	LL	L	H	HH	PLC地址
UA811		集体功能					10001
LALL811		膨胀罐油位低低值					10002
LAL811		膨胀罐油位低值					10003
LAH811		膨胀罐油位高值					10004
LAHH811		膨胀罐油位高高值					10005
PAL810		收油罐氮气压力低值					10006
PAH810		收油罐氮气压力高值					10007
BIT_SPARE1		备用					10008
SYS1_ON	Not select	预选备用泵系统1(P815)					10009
SYS2_ON	Not select	预选备用泵系统1(P820)					10010
SYS3_ON	Not select	预选备用泵系统1(P825)					10011
XI_830		备用泵运行状态反馈(P830)					10012
XIA_830		备用泵故障状态反馈(P830)					10013
BIT_SPARE2		备用					10014
BIT_SPARE3		备用					10015
BIT_SPARE4		备用					10016
LI810	32.15	膨胀罐液位指示(0~100%)		10.3	85.3		40004
LI811	30.49	膨胀罐液位指示(0~100%)	5.9	10.3	85.3	91.2	40005
HS_830A	ON	备用泵开启					1
HS_830B	OFF	备用泵关闭					2
BIT_SPARE5	SET	备用					3
BIT_SPARE6	SET	备用					4
BIT_SPARE7	SET	备用					5
BIT_SPARE8	SET	备用					6
BIT_SPARE9	SET	备用					7
HS813	RESET	故障复位					8

图 9-12 橇块数据总貌图

9.2.3 工程师或操作员应能通过维护画面对整个系统进行诊断和维护，能准确显示系统故障位置和原因，这些画面宜包括：

1 系统诊断画面应显示系统设备、供电、通信及网络的运行状态及故障设备的位置。

2 系统维护画面应根据自诊断结果，显示维护提示指导进行维修维护。

3 系统资源使用情况画面应显示整个系统资源的使用情况及各设备负荷。

4 设备状态画面应显示故障设备位置及相关故障信息。

条文说明：无。

条文解释：系统诊断除了需要报警外，还应该以图形方式体现出来，方便工程师快速定位事故器件，减少事故处理时间。见图 9-13、图 9-14。

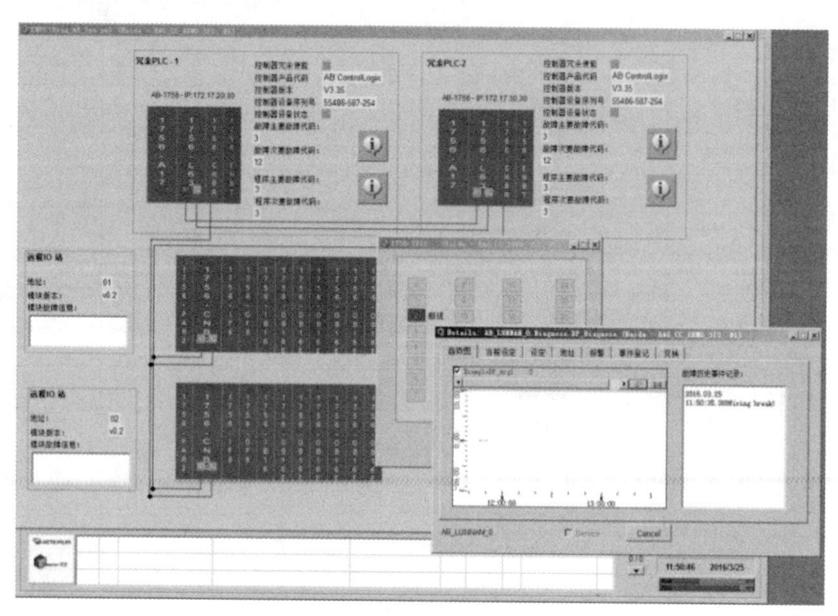

图 9-13　PLC 诊断画面

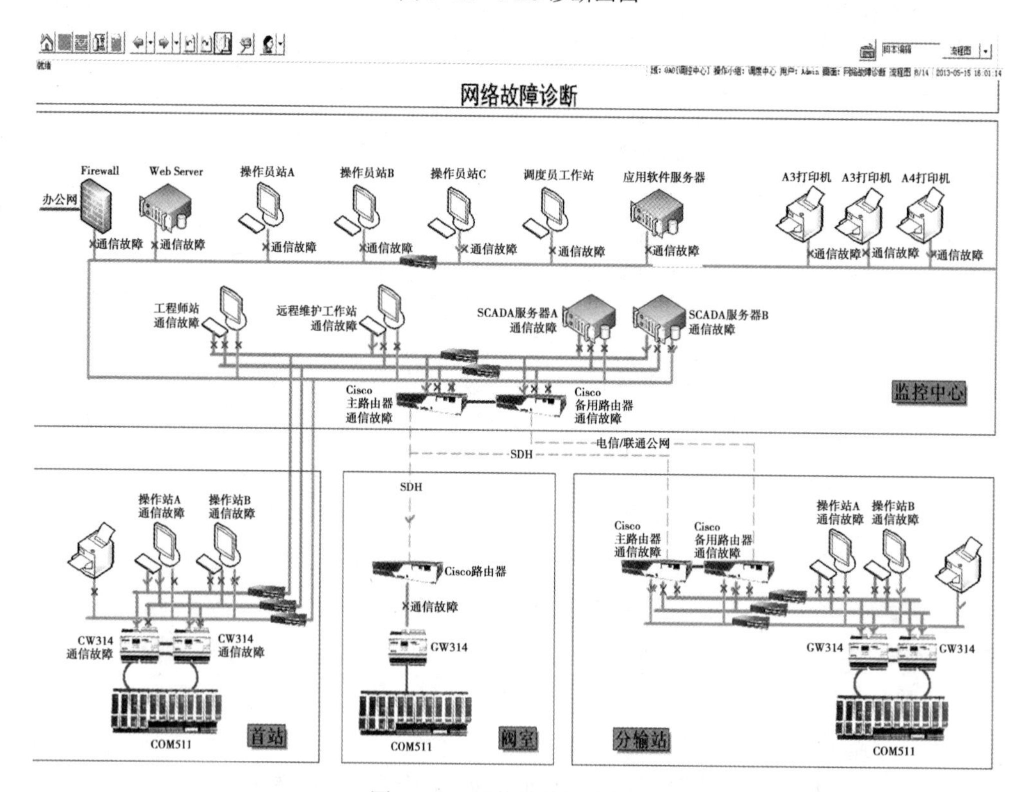

图 9-14　网络故障诊断画面

9.2.4　在同一监测点设置多台变送器时，应设多值比较画面，出现偏差时应报警。

条文说明：多台变送器可以是在同一检测点处设置的分别进 SIS 和 BPCS 的仪表，或者是同一 SIF 回路 NooM 的仪表，如为 3 选 2 设置的 3 块变送器。偏差值报警限可设 5%(可根据具体应用调整)，在同一检测点上任意 2 块变送器间偏差超过偏差限设定值时，应进行偏差报警。

条文解释：示例如图 9-15 所示。

<table>
<tr><th>描述</th><th>位号</th><th>系统</th><th>量程</th><th>单位</th><th>当前值</th><th>最大偏差</th></tr>
<tr><td rowspan="3">进口管线3取2压力检测</td><td>PIT-101A</td><td>SIS</td><td rowspan="3">0-10</td><td rowspan="3">MPa</td><td>7.31</td><td rowspan="3">0.41%</td></tr>
<tr><td>PIT-101B</td><td>SIS</td><td>7.28</td></tr>
<tr><td>PIT-101C</td><td>SIS</td><td>7.30</td></tr>
<tr><td rowspan="3">进口管线3取2压力检测</td><td>PIT-801A</td><td>SIS</td><td rowspan="3">0-6</td><td rowspan="3">MPa</td><td>3.86</td><td rowspan="3">1.30%</td></tr>
<tr><td>PIT-801B</td><td>SIS</td><td>3.91</td></tr>
<tr><td>PIT-801C</td><td>SIS</td><td>3.90</td></tr>
<tr><td rowspan="2">三相分离器液位</td><td>LIT-311</td><td>BPCS</td><td rowspan="2">1-4</td><td rowspan="2">m</td><td>2.25</td><td rowspan="2">4.80%</td></tr>
<tr><td>LIT-312</td><td>SIS</td><td>2.31</td></tr>
<tr><td rowspan="2">燃料气分离器液位</td><td>LIT-523</td><td>BPCS</td><td rowspan="2">0-5</td><td rowspan="2">m</td><td>3.47</td><td rowspan="2">10.07%</td></tr>
<tr><td>LIT-524</td><td>SIS</td><td>3.31</td></tr>
<tr><td rowspan="2">油罐液位</td><td>LIT-711</td><td>BPCS</td><td rowspan="2">0-11</td><td rowspan="2">m</td><td>8.68</td><td rowspan="2">0.23%</td></tr>
<tr><td>LIT-712</td><td>SIS</td><td>8.66</td></tr>
</table>

偏差报警限设置 | 5%

图 9-15 多值比较画面

9.3 数据管理

9.3.1 安全仪表系统数据应定期进行离线备份，离线备份应至少在站内及站外两处存放。

条文说明：无。

条文解释：安全仪表系统一定要定期进行离线备份，可以每月或每季度备份一次。本规范没有要求离线备份必须异地保存，只要在站内和站外两处存放即可，比如站外可以放在厂部技术科。

9.3.2 数据管理还应符合现行国家标准《油气田及管道工程计算机控制系统设计规范》GB/T 50823—2013 6.3 节的有关规定。

条文说明：无。

条文解释：GB/T 50823—2013 第 6.3 节的有关规定如下：

6.3.1 数据库管理应具有下列功能：

1 在线和离线编辑、维护、查找、修改、链接；

2 数据库离线管理；

3 支持标准高级语言编写的程序访问数据库；

4 记录数据库修改。

6.3.2 实时数据及历史数据应符合下列规定：

1 实时采集数据应包括瞬时值、平均值、报警和事件；

2 实时数据应根据“先进先出”的原则在实时数据库中存储，存储时间应根据数据类型确定，超出部分应存入历史数据库；

3 历史数据的在线存储时间应根据用户要求确定；

4 实时和历史数据不同步时，应有相应的数据重建和修复手段。

9.4 报警和事件

9.4.1 安全仪表系统应设置SOE，SOE分辨率不应大于100ms。

条文说明：油气田及管道工艺参数的变化都较缓慢，由停车引起的次级停车时间间隔也较长，因此除压缩机防喘振等特殊应用外，SOE的分辨率不要求太高，但不应大于100ms。

条文解释：SOE是非常重要但比较难以实现的功能，需要SIS PLC和上位软件紧密配合才能完成。目前油气田站场实现这一功能的不多，本节重点介绍下SOE功能需求和实现方法。

（1）为什么需要做SOE

SOE是为了记录瞬态发生的停车报警或火气报警事件，把这些事件按发生的先后顺序排序，突出显示首报警的一种重要的SIS功能。

站场有些事故是瞬间发生、短时间又恢复的，如进站压力瞬时超过高高限，在不到1s后又恢复了。上位软件的常规事件/报警记录只能做到秒级，如5s采集一次。这样像上面所说的进站压力超过高高限可能采集不到，现场已经触发了停车，而上位软件却记录不到事故原因。这种快速事件记录就需要依赖SOE功能来实现。

大家都知道PLC的扫描周期是很快的，可以到毫秒级。这样上面说的瞬时事件就可以首先被PLC记录到，记录包括过程值和发生时间，再传送给上位机软件，就不会错过这些瞬态事件。上位机软件还可以根据实际发生时间进行事件排序，实现首报警突出显示(也叫首出报警功能)。因此要实现SOE，SIS PLC和上位机软件必须紧密配合、协同工作。

（2）SOE实现方法

SOE的实现方法有两种，一种是厂家有推荐的方案，如在工程师工作站上运行专门的SOE程序实现，或上位机软件支持SOE且可以与SIS PLC紧密集成；另一种需要通过编程实现。第一种方法除了要求软硬件均为同品牌外，大部分还要求采用专用的SOE板卡，这些板卡比较昂贵，但可以做到1ms的时标分辨精度。如此高的时标分辨率在油气田工艺中是用不到的，本规范要求不大于100ms即可。因此在大部分站场采用第二种方案，即通过编程实现是比较现实和经济的。以下就对这种方案的实现方法进行详细介绍。

（3）SOE记录的信号

所有可触发停车的输入信号，包括ESD按钮等开关类仪表、变送器超过触发限(HH或LL)、可燃/有毒报警、火焰报警等，这些与安全相关的输入信号报警时应触发SOE并记录。停车输出(SDV阀关断、泵关停、设备关停等)、超驰信号、复位信号灯不需要触发SOE。

（4）SOE的完整过程

SOE与每次停车过程相关，从停车触发开始，到复位结束一次SOE过程，整个过程包括：

- 正常时PLC端的SOE记录为空，当新的第一个触发信号(首报警)发生时，开始触发新的SOE记录，随后的触发信号顺序写入SOE记录；
- SOE记录发生报警时的过程值和触发时间，SOE记录长度一般有限定(比如50条，SOE主要是为了抓住首报警及后续发生的部分报警，更多的后继报警记录意义不大，可以舍去)，记录满后暂停记录，忽略后续报警；

• 根据与上位机的协议，PLC 将 SOE 记录批量传送给上位机软件（可以一次也可以多次）；

• 上位机软件根据 PLC SOE 记录的顺序和发生时间在上位机报警记录或特殊组态的 SOE 报警上显示，首报警应前置显示并与后续报警严格区分开；

• SIS 逻辑复位（按手操盘复位按钮）后清空 PLC SOE 记录，本次 SOE 结束，等待下次触发。

（5）PLC 编程概要

SIS PLC 上程序编制概要如下：

• 定义 SOE 数组和指针，所有数据初始为 0 或空；

• SOE 数组是二维数组，一维就是一条 SOE 记录，二维是最大的 SOE 记录数；一条 SOE 记录至少包括：位号、报警时过程值、报警时间（精确到毫秒）；

• SOE 子程序应有最高优先级和最小轮询周期；

• 有 SOE 事件首次发生，如 PT-×××高高报警时，开始触发 SOE 记录，指针由 0 变 1，在 SOE 复位前同一参数报警只触发并记录 1 次，不重复记录；

• 有后续 SOE 事件发生时顺序记录，指针随记录数量增加，每增 1 条加 1；

• SOE 记录超过最大记录数（如 50 条）时停止记录；

• 收到 SIS 复位信号后，SOE 记录（也可移动到备份区，保留 1~2 次备份）和指针清空，本次过程结束，等待下一次停车。

除记录外，PLC 还要响应上位机的请求，配合发送 SOE 记录。

（6）上位机编程概要

• 上位机软件如果有 SOE 数据库点和 SOE 报警记录，应尽量利用这些资源进行记录和显示，比自己改造或特殊添加的要更标准、方便；如果没有需要自己定义；

• 由于大部分上位机软件与 SIS PLC 无法实现带时标传输，需要先将 PLC 中的 SOE 数组作为正常的数据库点采集过来，再通过编程将这些数据库点组合成上位机软件需要的 SOE 记录，写入上位机 SOE 报警记录中；

• 上位机软件 SOE 程序可以用软件公开的 API 开发，通过 API 可以安全访问和修改数据库，API 有相关读写数据库、报警记录、时间标签等的函数，可以完全操纵数据库点和报警记录；常用的开发语言为 C 或 C++；

• SOE 程序具有读取 PLC SOE 数据库点、数据补充和写入上位机软件 SOE 记录的功能；

• 为指针建 1 个单独的数据库点，上位机 SOE 程序可作为一个任务，由指针数据库点触发；

• 定义接收 PLC SOE 数据的数据库点，这些数据库点均是临时存储可以不用做历史记录；

• 正常采集 PLC SOE 指针数据，采集时间间隔不用太快，比如 30s 即可，采集到指针不为 0 时触发上位机 SOE 程序；

• 上位机 SOE 程序会记录本次和上次读取的指针，这两次指针之间的数据是新的 SOE 记录，只需把新数据处理后写入 SOE 记录即可，其他的不重复写入；

• SOE 可以写入报警记录中，在报警记录中做筛选，只显示 SOE 内容即可；注意 SOE

首报警要前置，一般以2倍闪烁频率闪烁；如果报警记录不可用，需要自己定义SOE显示画面；

- 在指针点由1变0时，SOE程序中的本次和上次指针同时清零，这次SOE过程结束；
- SOE记录需要做历史记录，可以查询及检索。

9.4.2 报警和事件还应符合现行国家标准《油气田及管道工程计算机控制系统设计规范》GB/T 50823—2013 6.4节的有关规定。

条文说明：无。

条文解释：GB/T 50823—2013第6.4节的有关规定如下：

6.4.1 系统应存储所有报警、报警确认、事件和信息。

6.4.2 系统宜对报警分级、分区、分组，自动记录报警信息和时间顺序，不同级别报警的颜色和行为应有区别。

6.4.3 报警信息应能以多种方式发布。

6.4.4 报警应具备确认功能。确认和未确认报警应有颜色或行为区别。对长时间已确认但未恢复正常的报警应定时重复报警。

6.4.5 系统宜设置报警频率统计功能。

6.4.6 报警宜包括下列类型：

1 模拟信号超出高、低限值；

2 模拟输入信号变化率超出限定值；

3 无理值报警；

4 数字信号报警；

5 信号短路、开路、接地故障等诊断报警；

6 超驰报警；

7 输入/输出强制报警；

8 硬件、通信及系统故障报警。

6.4.7 SOE应根据报警发生的先后顺序进行排序。首出报警应显示在报警汇总的最前面，以不同的颜色或行为突出显示。

9.5 报告和报表

9.5.1 安全仪表系统相关报告应包括下列内容：

1 SOE报告。

2 维护报告。

3 I/O强制报告。

4 报警及事件汇总。

条文说明：无。

条文解释：这里需要特别说明是维护报告和I/O强制报告，其中维护报告是指维护超驰报告，需要记录当前系统的维护超驰概要，主要包括超驰位号、位号描述、过程值、超驰开始时间、超驰结束时间、超驰时长和操作工程师信息等。

I/O强制报告记录当前系统的强制信息，主要包括被强制位号、位号描述、过程值、强制开始时间、强制结束时间、强制时长和操作工程师信息等。强制是通过编程软件连接正在调试或运行的 PLC，强行将某参数置为指定值的一种操作。强制后的参数仅显示强制值，不会随现场实际值的变化而变化，即使实际参数已经触发报警值，程序也不会有相应动作和报警。是非常危险的一种操作，一般用于程序调试，运行系统上禁止采用。但有些极个别场合，比如需要在线更换 ESD 按钮、强制操作 SDV 阀等操作时才会采用，而且强制前应做好论证并有足够的备用措施才能由专业的工程师操作。由于强制的危险性，所以尽管用的很少也不建议采用，但是还应该作报告记录，便于留档并提醒工程师尽快去掉强制信号，恢复正常数据采集。

9.5.2 报警和事件还应符合现行国家标准《油气田及管道工程计算机控制系统设计规范》GB/T 50823—2013 6.5 节的有关规定。

条文说明： 无。

条文解释： GB/T 50823—2013 第 6.5 节的有关规定如下：

6.5.1 系统应提供生产运行报表、事件报表、报报警表、安全系统相关报告、自定义报告。

6.5.2 报表宜使用通用电子表格软件。

6.5.3 报告和报表应能在线预览，历史报告和报表应能在线、离线存储和索引。

9.6 系统安全

9.6.1 安全仪表系统安全应采取下列措施：

1 系统应采用身份认证。

2 系统未使用的输入输出端口应禁止或封闭。

条文说明： 无。

条文解释：

(1) 登录设置密码是最常用的身份认证手段，除了密码外，在一些对安全保密要求较高的场所，还会增加指纹、虹膜、UKey 或磁卡等双鉴认证的手段。见图 9-16。

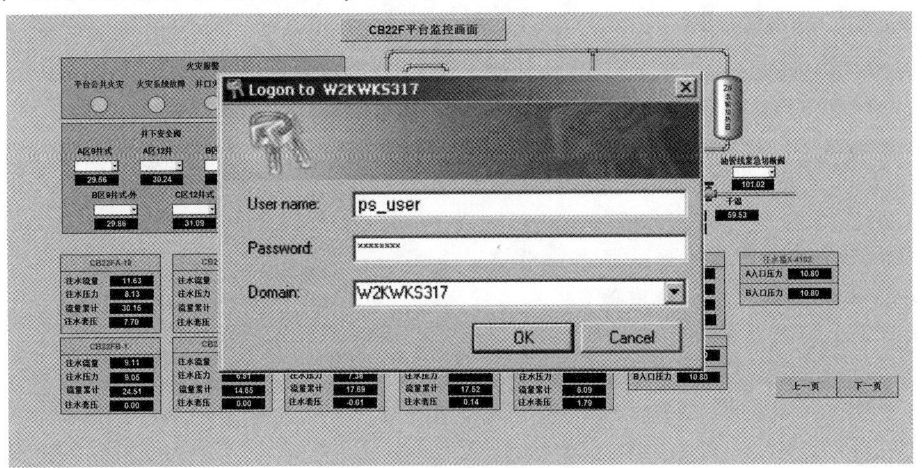

图 9-16 用户登录画面

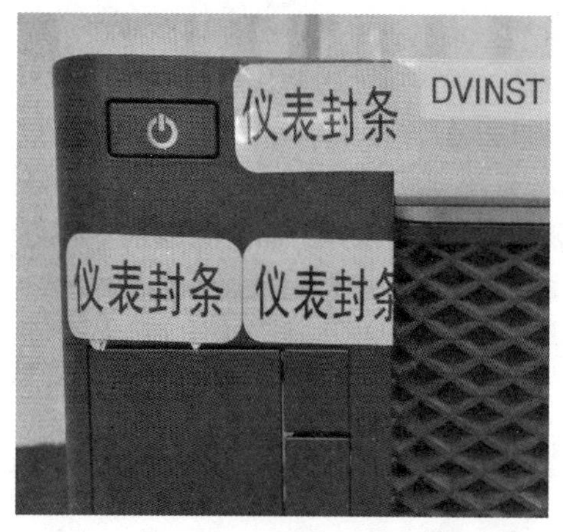

图 9-17　封闭未使用端口的操作员站

（2）系统未使用的接口，如 USB 口、光驱、多余网口、并行口等应从 BIOS 中禁止，且应进行物理封闭，如贴上封条等，避免通过这些接口传入未认证程序或文件，减少入侵的可能性。见图 9-17。

9.6.2　操作安全应采取下列措施：

1 操作员应定义不同的级别和权限。

2 安全仪表系统操作应增加确认环节。

3 操作应有记录。

条文说明：无。

条文解释：

（1）操作员一般定义三级，权限从高到低分别是：管理员级、班长级和操作员级，其中经理级级别最高，可以查看、控制、分配所有资源和数据，可以修改或下装程序，可以定义班长级和操作员级的用户并分配权限和监控区域；班长级可以监控所有区域，可以分配操作员权限及监控区域；操作员只能根据被分配的权限和区域进行操作，比如操作员 A 只有天然气处理区域的操作权限，他就不能操作原油处理区域的设备。

（2）操作确认通常以提示框的形式出现，避免误触发出错误命令。见图 9-18。

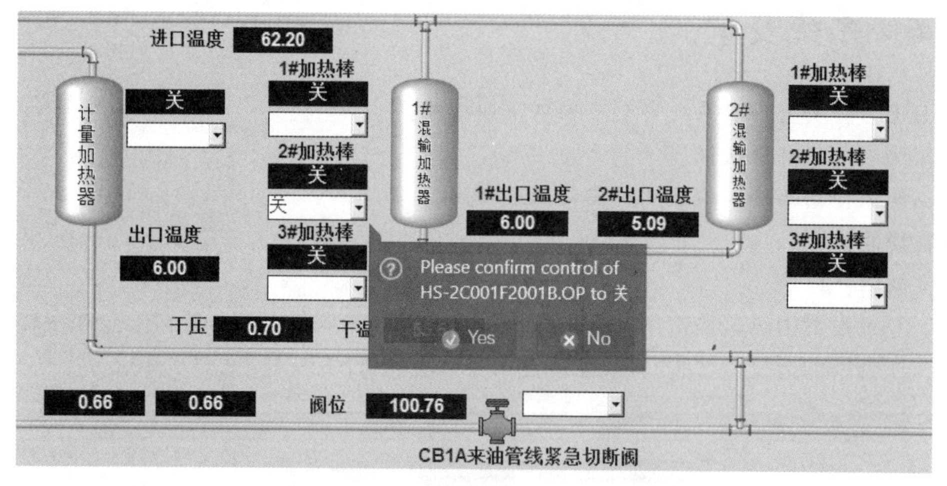

图 9-18　控制操作提示框示意图

（3）每项操作，如用户登录、控制操作、设置值修改等都应该存储在事件记录中，方便事后追溯。

9.6.3　安全及容错应采取下列措施：

1 输出模块应预设安全输出位置。

2 SIF 回路故障应有预设的处理措施。

3 系统应设置命令未完成报警和保护。

4 无理值应钳位。

条文说明：本条第 1 款：预设安全位置应根据工艺要求确定，一般有故障关（FC）、故障开（FO）、故障保位（FL）和故障到特定输出值几种设置。安全仪表系统不宜采用故障保位（FL）。

本条第 2 款：预设的处理措施一般是停车，使执行元件回到安全位置。在检测元件出现可检测到的故障时，经评估也可执行自动维护超驰操作。

本条第 3 款：未完成报警是指操作命令发出后，在一定时间内未接收到期望的反馈而产生的错误报警。如阀门开关动作，假设该阀最长开阀时间是 20s，开阀时间预设为 30s（一般预设值略长于最长开阀时间）；在开阀命令发出后，若在 30s 内接收到阀开到位信号，则认为开阀正常；否则认为是阀门卡堵，未完成开阀操作，应发出开阀故障报警。

本条第 4 款：无理值钳位：对系统内有量程限制的值可设置无理值钳位，即超出正常值后，数据库存储值就钳位在预设的数值上，不再增大或减小，以防止计算和存储错误。如某测量值量程为 0~100，钳位值设为量程的±10%，则钳位行为如表 9-1 所示。

表 9-1　钳位行为

实际测量值	数据库存储值	无理值报警
50	50	无
>110	110	报警
<-10	-10	报警

条文解释：

（1）输出模块预设的安全位置需要在 PLC 组态时设置，图 9-19 每个输出点都设置为"Off"，即在出现故障时安全位置是故障关（FC）。

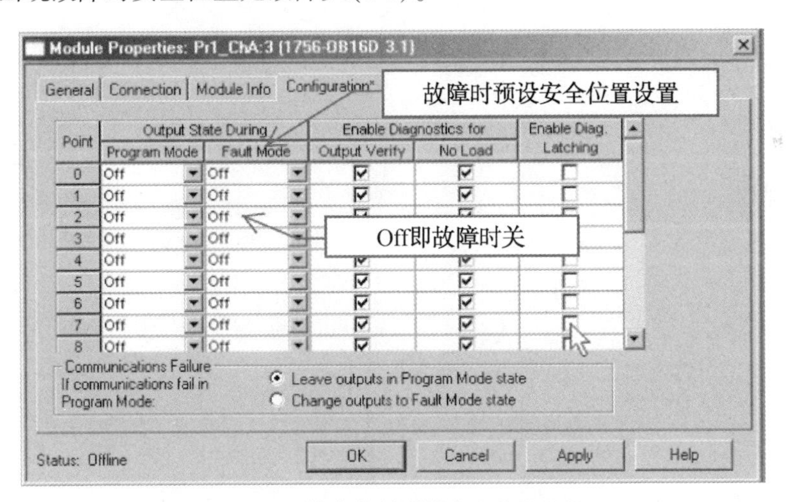

图 9-19　输出模板预设安全位置设置

（2）故障诊断及自动维护超驰请见 4.1.6。

（3）请参照 6.3.2，其中详细解释了 SDV 的命令未完成报警功能。

（4）在此以一台变送器为例，我们假设控制系统不做量程转换，也以实际的电流值进行数据库记录和显示。变送器正常输出为 4~20mA，低于 4mA 或超出 20mA 就已经是超量程了，可能是由于变送器故障，数据已经没有意义。如果不加限制，可能会引起显示、记录甚至是计算错误，比如不合理的压力值或流量值等。这时最好的办法是进行无理值钳位，一般钳位值设置为超出量程 10%，在本例中设置上钳位限值为 22mA、下钳位限值为 3.6mA。如图 9-20 所示，当仪表实际输出值超过 22mA 后，数据库记录和 HMI 上显示值不再增加，会一致保持 22mA；当仪表实际输出值低于 3.6mA 后，数据库记录和 HMI 上显示值不再减少，会一致保持 3.6mA；其他时间数据库记录和 HMI 上显示值与仪表输出值保持一致。在无理值钳位期间，系统会发出仪表无理值报警，提示操作员尽快检查，消除故障。

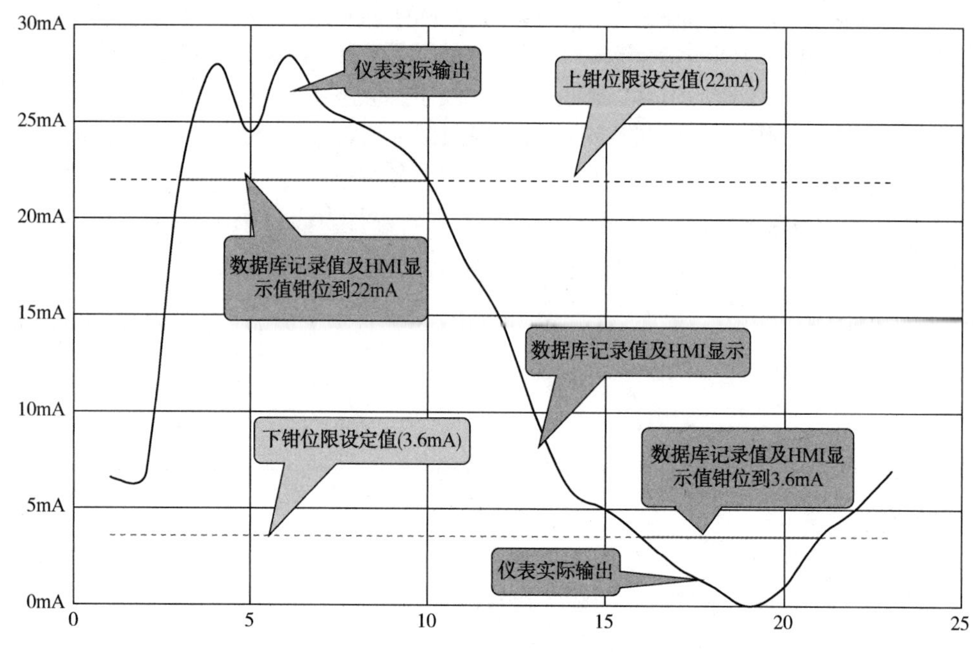

图 9-20　无理值钳位示意图

10 工程设计

10.1 基础设计

10.1.1 安全仪表系统基础设计应根据确定的SIF回路及相应的SIL等级、工艺安全操作原理、安全分析表、关断与复位原则、P&ID、消防分区进行。

条文说明：无。

条文解释：这些都是SIS设计的输入条件，一般由工艺、安全和消防专业提交给自控专业，由自控专业根据这些文件完成安全仪表系统的基础设计。

10.1.2 基础设计宜包括下列文件：

1 安全技术要求。

2 安全仪表系统逻辑控制单元技术规格书。

3 因果图。

4 安全仪表系统结构图。

条文说明：无。

条文解释：安全仪表系统逻辑控制单元技术规格书即SIS PLC技术规格书。

10.1.3 安全技术要求宜包括以下内容：

1 SIF回路及相应的SIL等级。

2 确定每一个SIF回路的过程安全状态，选择励磁或非励磁。

3 过程检测与输入。

4 过程输出及其作用。

5 输入输出的功能关系，包括逻辑、算法及许可条件。

6 手动关断要求。

7 响应时间要求。

8 失效模式和安全仪表系统要求的响应。

9 复位功能要求。

10 超驰功能要求。

11 故障诊断功能要求。

12 测试间隔要求。

条文说明：无

条文解释：安全技术要求一般以安全技术要求规格书(SRS-SIS Safety Requirements)的形式出现，示例请参见附录A。

10.1.4 安全仪表系统逻辑控制单元技术规格书宜包括以下内容：

1 基本要求。

2 系统各部分技术要求。

3 应用软件组态及编程要求。

4 通信要求。

5 供电及接地。

6 测试、验收及验证。

7 技术服务及系统集成设计要求。

8 质量保证。

9 文档资料。

条文说明：无。

条文解释：安全仪表系统逻辑控制单元技术规格书即SIS PLC的规格书，示例请参见附录B。

10.2 详细设计

10.2.1 详细设计应根据安全仪表系统基础设计文件、详细设计阶段的条件输入和产品资料进行。

条文说明：无。

条文解释：无。

10.2.2 详细设计应包括下列文件：

1 说明书。

2 因果图。

4 监控数据表。

5 安全仪表系统结构图。

8 端子接线图。

9 辅助操作设备示意图。

条文说明：无。

条文解释：无。

11 工程实施与维护

11.1 系统集成设计

11.1.1 系统集成方应根据业主和设计提供的文件进行系统集成设计。

条文说明：无。

条文解释：无。

11.1.2 系统集成设计宜包括以下文件：

1 软硬件清单。

2 功能开发规格书。

3 系统配置图、I/O 分配图/表。

4 逻辑图。

5 回路图。

6 机柜布置及安装需求。

7 操作台、辅助操作设备布置及安装需求。

8 端子接线图。

9 供电及接地系统图。

10 FAT、SAT 验收文件及表格。

11 组态编程文件。

12 操作维护手册。

13 安全手册。

条文说明：无。

条文解释：无。

11.1.3 功能开发规格书应包括以下内容：

1 SIL、硬件结构性约束、停车级别、超驰、关断与复位、冗余、可靠性、响应时间等要求。

2 逻辑控制器各部分 PFD 数据、PFD 计算公式及每一 SIF 回路逻辑控制器部分 PFD 计算值。

3 逻辑控制器响应时间计算。

4 系统结构设计包括网络分级、控制器连接、第三方接口、通信设置。

5 硬件设计。

6 软件设计。

7 系统安全方案。

条文说明：本条第 4 款：通信设置包括安全仪表系统与其他系统间的通信协议、通信内容和数据量，应定义并列出所有对安全仪表系统的读出或写入内容及方式。

本条第5款：硬件设置主要包括硬件描述、硬件结构性约束符合性、备用量计算、负荷计算、功耗计算、散热量计算、系统结构、机柜布置、I/O分配原则、典型回路图、通信接口、接线及线号规则、信号隔离及防干扰措施、供电及接地等。

本条第6款：软件设计主要包括软件描述、组态编程环境、位号规则、数据库结构及余量计算、系统响应指标及计算、任务分组原则、诊断及故障处理原则、通信协议概述、通信内容及通信量计算、典型SIF回路功能框图、逻辑图示例及图例、画面层次图及典型画面示例、典型控制面板及图标符号、典型动作及动画、报报警告种类及示例、SOE设置、时间同步、例外处理、特殊应用程序、存储备份方案、灾难恢复方案等。

条文解释：无。

11.1.4 系统集成方应将与设计输入文件的偏离进行评估并记录。

条文说明：无。

条文解释：SIS要求在全生命周期内是可控的，应根据确定的SRS进行设计、集成和调试。其中系统集成是重要一环，各系统厂商设备均有自己的特色，与设计的偏离是客观存在的。集成方应在FDS中对如何实现设计意图、满足SRS要求进行详细阐述，并提出与设计的偏离，并进行评估。评估应由设计和业主进行确认，保证与SRS的符合性，同时也可同步更新SRS，反映实际更改。

11.2 集成、组态、调试和试车

11.2.1 系统集成方应根据业主要求、设计文件和集成设计进行系统集成和组态。

条文说明：无。

条文解释：无。

11.2.2 系统软件和应用软件的编程及调试应检查和测试，过程应记录。

条文说明：无。

条文解释：软件的检查和测试应由集成方负责，自检和过程检查非常有必要。另外设计和业主必要的检查也很有必要，但设计和业主对软件方面的检查能力普遍欠缺，建议参考《安全仪表系统工程设计与应用(第二版)》第15章的检查表进行核对，与软件有关的检查表(表11-1)是其中第14部分：软件组态。

表11-1 软件组态检查表

序号	项目描述	对选项画圈			注释
14.1	对于软件组态，是否有相应的标准和规定？	Y	N	N/A	
14.2	在组态阶段，如果发现技术规格书或者其他设计资料中有任何错误，对于如何更正及保存记录，是否有明确的管理规定？	Y	N	N/A	
14.3	对于设计要求的任何违背或者正面强化，是否有书面记录？	Y	N	N/A	
14.4	是否有相应的措施，确保组态的精准，避免出现歧义？	Y	N	N/A	
14.5	对于组态工程的所有活动，是否有形成并保持相应足够文档的管理规定？	Y	N	N/A	
14.6	采用的编程语言，是否便于生成和使用功能块？	Y	N	N/A	

续表

序号	项目描述	对选项画圈			注释
14.7	在组态时，是否加注了必要的标题、说明，以及其他必要的注释？	Y	N	N/A	
14.8	在组态阶段，是否由用户、设计人员，以及组态人员一起对软件功能的设计进行了审查？	Y	N	N/A	
14.9	如何中是否有相应的错误检测措施，确保发现问题时，能够将其隔离、恢复正常功能，或者安全停车？	Y	N	N/A	
14.10	所有的功能都是可测试的吗？	Y	N	N/A	
14.11	是否由直接组态者之外的人员，对最终的组态进行了检查？	Y	N	N/A	
14.12	是否采用了其他辅助的编译或汇编程序？	Y	N	N/A	
14.13	采用的辅助编译或汇编程序，是否获得了基于公认标准的认证？	Y	N	N/A	

11.2.3 调试应包括以下内容：

1 外观及安装检查。

2 单体仪表、设备、供电及外设调试。

3 线路连通性检查。

4 单回路测试。

5 数据、操作、画面、报警及报告测试。

6 SIF 回路调试及测试。

7 维护超驰、操作超驰测试。

8 复位测试。

条文说明：本条第 6 款是指包括实际输入、输出设备及逻辑控制器在内的全回路调试及测试，不是通过模拟输入及观察输出指示完成的仿真调试。

条文解释：无。

11.2.4 试车完成后不应远程访问安全仪表系统。

条文说明：无。

条文解释：远程访问安全仪表系统非常危险，如不屏蔽可能会造成极大的系统风险。在新颁布的中国石化生【2019】318 号文《中国石化工艺仪表控制系统安全防护实施规定》2.4.2 规定：禁止从企业外部远程访问、维护 DCS、FCS、SCADA、PLC、SIS、CCS 等关键工控系统。另外 2.4.1 还禁止工控系统面向其他网络开通 HTTP、FTP、Telnet 等网络服务。

因此调试完成后，应禁止 SIS 的一切外部远程访问和相关网络服务，只保留与 BPCS 和内部控制网的通信即可。

11.2.5 试车完成正式投运前应建立完整的系统基线文件。

条文说明：基线(Baseline)是个计算机术语，指的是在系统/软件开发过程中对稳定的版本进行管理，通过不同版本之间的比对可以更好地发现问题并做历史追溯，其主要方法是对系统“快照”进行保存。在本规范中主要强调是对 SIS 系统投产后运行环境软硬件的管理，对调试好后的系统进行软件环境和硬件配置的档案保存，同时运行过程中定期形成新的基线文件，通过比较不同基线文件的区别，可以发现漏洞和系统性能下降，如不期望的后门、多余的线程、硬件资源占用增加等，可以有针对性进行维护，保障信息和系统安全。基线文件包括运行环境、运行程序及进程清单、安装的应用程序、软硬件版本、负荷及资源消耗、通信及接口、用户及密码、系统完整备份。

条文解释：建立基线文件最简单的办法是先在工程师工作站上对 SIS 程序和数据进行备份，再采用 Ghost 等软件将工程师工作站系统整个做镜像。镜像文件就包括了整个的操作环境，另外 SIS PLC 的负荷、资源消耗、通信连接等可以在工程师工作站的组态软件上查询并截图或打印成 PDF 保存。

11.2.6 工程实施与维护阶段应建立不合格项管理。

条文说明：不合格项应及时处理，在试车前不应存在涉及 SIL 1 以上回路的不合格项；SIL 1 回路的不合格项也应充分评估，保证不影响功能安全且可在线修复；在试车过程中发现的影响功能安全的不合格项，应重新开始专项调试并解决；正式投运前不应存在与安全系统相关的不合格项。

条文解释：SIS 需要严格带载测试才能投运，一旦投产，SIS 的调试会涉及停车，实施非常困难。因此本规范规定工程正式投运前不能有与安全系统相关的不合格项。

11.3 验收测试和操作维护

11.3.1 验收测试应符合国家现行标准《石油化工安全仪表系统设计规范》GB/T 50770—2013 第 13.2 节的规定。

条文说明：无。

条文解释：GB/T 50770—2013 第 13.2 节的有关规定如下：

13.2.1 验收测试应包括工厂验收测试、工厂联合测试和现场验收测试。

13.2.2 工厂验收测试应包括下列主要内容：

1 制造厂提供验收测试程序、测试内容及步骤；

2 验收测试报告文件、测试用的标准仪器检查；

3 全部工程文件检查；

4 硬件测试及检查；

5 系统冗余和容错功能检验；

6 系统在线可维护性测试，包括在线更换卡件、在线修改及下装软件；

7 应用程序的逻辑功能测试；

8 验收测试完成，测试报告签字。

13.2.3 工厂联合测试应包括下列主要内容：

1 与基本过程控制系统的工厂联合测试宜在基本过程控制系统制造厂进行；

2 在基本过程控制系统工厂完成安全仪表系统通信测试、软件画面测试等；

3 与其他控制系统的工厂联合测试宜在安全仪表系统制造厂进行；

4 在安全仪表系统工厂完成安全仪表系统通信测试、软件画面测试等；

5 工厂联合测试完成，测试报告签字。

13.2.4 现场验收测试应包括下列主要内容：

1 编制现场验收测试程序、测试内容及步骤；

2 检查工程设计文件及有关资料；

3 系统安装、系统各类连接及通电条件检查;
4 检查各项冗余功能及在线更换卡件功能;
5 操作站显示画面联合测试;
6 辅助操作台紧急停车及报警功能检查;
7 系统网络功能测试;
8 系统诊断功能测试;
9 现场验收测试完成,测试报告签字。

11.3.2 操作维护应包括下列内容:

1 应按照已确定的测试间隔进行测试。

2 宜定期更新基线文件,并与历史版本进行比较,出现较大偏差时应对系统进行测试及处理。

3 宜对设备故障及危害事件的发生频率进行统计分析。

条文说明: 本条第3款故障及危害事件的频率统计一方面可用于改进系统,另一方面也可保存为企业的故障和危害数据库,用于以后的SIL评估。

条文解释: 基线文件的定期更新和比较非常重要,可以发现隐患和可能的入侵,也便于系统崩溃后的恢复。

11.4 系统变更

11.4.1 安全仪表系统变更后应重新建立基线文件。

条文说明: 无。

条文解释: 无。

11.4.2 变更管理应包括变更原因及方案、系统的版本升级、增减或修改逻辑、审核评估变更方案、确认变更的安全仪表功能、变更方案的设计与实施、变更软件功能的离线测试与检查、变更报告及操作维护规程更新。

条文说明: 无。

条文解释: 安全技术要求(SRS)也需要更改。另外应建立严格的文档控制程序,确保所有SIS文档的升版、修改、审查及批准,都处于受控状态。

11.5 系统停用

11.5.1 安全仪表系统停用应进行评估。

条文说明: 无。

条文解释: 停用评估主要是为了评估SIS停用后对当前的工艺安全和环境有没有影响,需要什么替代措施,比如再上一套SIS。另外一项工作是评估停用的SIS是否可以再利用,再利用需要哪些措施等;如不能用,还应有废弃措施。

11.5.2 安全仪表系统停用应有退出计划。

条文说明: 无。

条文解释: SIS退出计划也是评估的结果之一,根据计划可以有序退出或再用,避免SIS退出对工艺安全和环境的影响。

附录A　安全技术要求规格书(SRS)

1　工程概述

某气田共有气井××口，分别辖于某座集气站场，集输工程管线全长××km，设计输送压力10MPa，本工程是1#集气站建设。

1#集气站站内有气井3口，井口天然气出井口，经加热、节流、计量后外输，采用“加热保温+注缓蚀剂”工艺经集气支线进入集气干线，然后输送至集气末站分水，生产污水输送至污水站处理后回注地层，原料气送至净化厂进行净化。

2　参考文件

本文件针对1#集气站工艺系统中所有的安全仪表功能(SIFs)，编制安全技术要求(SRS)，识别和明确每个SIF的安全要求。SRS的编制是根据以下标准要求执行：

标准号	名　称
IEC 61511 Parts 1-3	Functional Safety: Safety Instrumented Systems for the Process Industry Sector
IEC 61508 Parts 1-7	Functional Safety of Electrical/Electronic/Programmable Electronic Safety-Related Systems

SRS是一系列文件的组合，以下文件是SRS的主要输入文件，也是SRS文件的一部分：

序号	文件名	文件号	版本号
1	站场P&ID图	DWG-××××-×××	Rev 0
2	工艺操作原理	SPC-××××-×××	Rev 0
3	HAZOP分析报告	REP-××××-×××	Rev 0
4	因果图	TAB-××××-×××	Rev 0

3　安全仪表系统基本要求

本工程安全仪表系统应按本章基本要求进行构建。

3.1　定义

安全仪表系统应包括输入仪表、SIS PLC和执行元件在内的整个系统，同时还包括通信和供电等支持系统。

3.2　设计需求

制造商提供的设备应满足设计要求的安全完整性等级要求，如果设备经过安全认证，则应根据设备的安全说明书进行设计，制造商应提供SIL认证证书、认证报告和安全说明书。

3.3 设计复核

SRS是基于现有文件最新版本设计的，在SIS设计的不同阶段，如果设计文件更新，应对SRS进行重新复核和修改，使SRS满足最新的设计要求。

3.4 SIS PLC故障响应

在SIS PLC出现部分或全部功能失效时，应执行以下操作：

- 连续运行的诊断程序应能检测出异常并应及时采取措施，如初始化出故障的某个功能或整个SIS逻辑。这些响应应在HMI上显示并记录，应可以在任何时间查询这些故障和短时的安全失效。
- PLC出现故障时，输出应回到安全位置，动作应有报警。
- 应定义SIS的故障模式和对故障检测的响应，例如，可以将变送器设计为故障时停车或不停车，如果设计为不停车，则变送器故障必须在HMI上报警，并且应配备接受过足够培训的维修工，采取必要的纠正措施尽快修复变送器。另请参见IEC 61511-1中第11.3节关于故障检测的要求。

3.5 接口

SIS系统和以下系统有通信接口连接：

3.5.1 BPCS控制器

SIS和BPCS控制器之间应采用冗余通信接口，SIS可将信息写入BPCS，BPCS控制器不能将信息、设置或操作写入SIS。SIS写入BPCS的信息有：

- SDV和BDV动作信号，BPCS应对SDV、BDV阀门故障进行报警，应可联锁相应的调节阀、开关阀或泵；
- 需要多值比较的变送器过程值，BPCS应对多值进行比较报警；
- 2oo3变送器的中间值，可作为BPCS监视值；
- SIS和BPCS控制器间的通信故障应报警。

3.5.2 与BPCS服务器通信

通过冗余工业以太网连接，完成对SIS PLC的监控与设置。

3.6 SOE功能

本工程需要SOE功能，基本要求如下：

- SCADA设有GPS时钟服务器，SIS PLC应与时钟服务器通信；
- 所有停车条件都应在SOE中记录；
- SIS PLC可记录参数的时间标签传送给BPCS，时间标签精度不大于100ms。

3.7 环境条件

SIS系统应用环境条件请见SPC-××××-××《仪表通用技术规格书》。

3.8 供电

SIS PLC机柜引入两路独立电源给关键负荷供电，另一路为风扇、照明灯等非关键负荷供电。关键负荷由2路独立电源直供，其中一路为UPS、另一路为稳压交流电。UPS电源延时时间为0.5h。

3.9 动力源失效

SIS系统设计为失电或失气失效，即失电或失气均停车回到安全位置。

3.10 SIS 软件需求

SIS 程序应按照 IEC 61511-1 第 12 章的规定和 PLC 安全手册的要求，进行程序组态、编制和调试，并应满足以下要求：

- SIF 动作设定点仅可以通过工程师站修改，设定点修改必须有安全防护措施且应记录，避免篡改；
- 应使用符合 IEC 61508 标准且有 SIL 认证的功能块图编程；
- 最大负荷下程序轮询周期不能超过 250ms；
- 应按每个 SIF 的指定要求进行测试；
- SIS 软件也应遵从 SIS 硬件的功能安全管理和安全生命周期管理(尤其是 MOC 变更管理)。

4 安全仪表功能的一般要求

本章定义的是所有安全仪表功能必须遵守的一般要求。

4.1 误动率

所有安全仪表功能回路的误动率不得高于 10 年 1 次，及 0.1 次每年。

4.2 操作模式

SIS 系统按低要求操作模式设计。

4.3 安全保护模式

所有安全仪表功能回路按励磁回路进行设计，实现非励磁/失电停车，最终执行元件在失去动力后应能回到安全位置。

SDV 和 BDV 需要在火灾工况下工作，阀门应有 API 6FA 防火认证，电缆应为耐火阻燃电缆。

4.4 手动停车

控制室硬手操盘上设有紧急停车按钮，可在必要时人工触发。

工艺区、大门和逃生门处设有 ESD 按钮，可人工触发。

所有 ESD 按钮有三组常闭触点，分别接入三块不同的 DI 卡件，按 2oo3 逻辑停车。

4.5 预报警

所有 SIF 回路均应设预报警，预报警由 BPCS 完成，预报警值应介于正常值和停车值之间。

4.6 超驰

4.6.1 2oo3 仪表维护超驰

2oo3 仪表维护时请按以下退级模式处理：2oo3→1oo2→停车。

4.6.2 维护超驰

对除 ESD 按钮外的所有 SIF 输入设置维护超驰，维护超驰应符合以下规定：

- 维护超驰允许采用两步激活，首先必须将硬手操盘上的维护超驰允许开关转到“超驰”位置，然后 HMI 上软件超驰按钮才能选择，在 HMI 选择具体仪表的软件超驰开关进行操作；
- 只有硬件的维护超驰允许开关和软件的维护超驰允许开关同时处于“超驰”状态时，仪表才可进行维护，相关 SIF 回路的停车逻辑暂停，但报警不受影响；

- 任一个维护超驰选择后，硬手操盘上的公共维护超驰指示灯会点亮；
- 硬件的维护超驰允许开关转到“正常”状态时，所有维护超驰全部禁止，转为正常状态；
- 维护超驰状态应报警，且应每8h重复报警。

4.6.3 操作超驰

所有SIF回路低低报警输入应设置操作超驰，操作超驰应符合以下规定：

- 操作超驰允许采用两步激活，首先必须将硬手操盘上的操作超驰允许开关转到“超驰”位置，然后HMI上软件超驰按钮才能选择，在HMI选择具体仪表的软件超驰开关进行操作；
- 只有硬件的操作超驰允许开关和软件的操作超驰允许开关同时处于“超驰”状态时，仪表才可进行操作，相关SIF回路的停车逻辑暂停，但报警不受影响；
- 任一个操作超驰选择后，硬手操盘上的公共操作超驰指示灯会点亮；
- 硬件的操作超驰允许开关转到“正常”状态时，所有操作超驰全部禁止，转为正常状态；
- 每块仪表的操作超驰延时时间应可在HMI上单独设置(延时时间由工艺确定，不应多于1h)，延时时间结束后该仪表的操作超驰应自动结束，仪表参数正常后也可自动解除操作超驰；
- 操作超驰状态应报警。

4.7 复位

停车后必须复位，在所有报警参数都恢复正常后才能复位，个别需要操作超驰参数在复位前应先做操作超驰。

复位分逻辑复位和现场手动复位，首先在硬手操盘上按复位按钮完成逻辑复位，接着部分SDV/BDV需要现场手动复位后才能打开/关闭。

4.8 使用时间

本工程SIS系统使用时间或全生命周期为15年。

4.9 响应时间

SIF回路的响应时间是指传感器测量到异常，经SIS PLC逻辑运算输出，到最终元件执行动作完成之间的时间。如无特殊说明，则本工程设备的响应时间按下表的规定执行。

元件	响应时间
变送器	100ms(压变、温变、液位)
PLC	250ms
最终元件	SDV：30~60s BDV：30s

由于SIF是要完成特定的紧急事件处理，因此SIF回路的响应时间不应超过过程安全时间的一半。

4.10 测试间隔

测试间隔一般是一年，具体要求见每个SIF的SRS要求信息表。

4.11　共因失效

共因失效(β)是指一个失效或者故障，导致多个冗余设备故障的现象。部件硬件冗余可降低硬件的随机失效故障率，但无法避免设计或者其他系统带入的共因失效的影响。设计中应通过定性分析来识别和避免共因失效率，如冗余设备采用独立取源、采用不同原理的仪表等。

本工程井口汇管压力变送器采用相同的两块仪表，为智能压力变送器，β值取2%。SIS控制器CPU冗余，暂不考虑共因失效。

另外良好的工程设计可以减少共因失效，常见的共因失效原因包括：

化学因素

- 设备暴露于相同或相似的内部或外部环境中，包括冻结，堵塞等；

机械因素

- 设备要承受相同或相似的机械应力，例如振动等；
- 设备相同或使用相同或相似的技术。

电力因素

- 设备共享通用电源或仪表路线及分配设备；
- 设备承受相同或相似的电应力，例如雷电，RFI等。

系统因素

- 设备是由相同或相似的人员设计，安装，维护和测试的，因此会受同样人为错误的影响。

4.12　隔离

传感器的过程连接必须隔离，如清洁气体采用引压管，脏污介质采用远传密封；温变采用温井安装等。

传感器与SIS PLC系统间必须隔离，如采用安全栅、防电涌保护器和继电器等。

SDV/BDV的隔离性能也应定义，如要求零级密封、严酷工况操作条件等。

SIS PLC系统与SDV/BDV必须隔离，如采用继电器模板、继电器、电磁阀或其他设备。

4.13　故障模式

2oo3配置的仪表可设计为故障不停车，仪表故障必须在HMI上报警，并且应配备接受过足够培训的维修工，采取必要的纠正措施尽快修复变送器。另请参见IEC 61511-1中第11.3节关于故障检测的要求。

其他不是2oo3配置的仪表和阀门都应是故障停车，即回到安全位置。

4.14　诊断

2oo3配置的回路，检测到故障后应按以下顺序降级：

原始结构	2oo3
1台故障	1oo2
2台故障	停车
3台故障	停车

SISPLC应编程尽可能利用其所有的诊断功能。

所有SIS诊断的结果均应传达给BPCS在HMI上显示报警。

4.15 应用程序

所有应用程序开发必须遵照 IEC 61511-1 第 12 章和厂商安全说明书及相关手册的要求。

SIS PLC 应用程序必须使用经过 SIL 认证的语言和编程软件开发。

4.16 危险组合状态

多个 SIF 同时触发动作不应产生危险的工艺状态，设计阶段应开展危害识别分析(如 HAZOP 分析)，确保没有危险的组合状态发生。

经 HAZOP 分析，本工程无危险组合状态。

4.17 验证测试程序

应为每个 SIF 回路编制详细的验证测试程序，每次测试均应有效评估从传感器过程连接、传感器、传感器接线到 SIS PLC，再从 SIS PLC 接线到最终执行元件、执行元件过程连接的全部相关的 SIF 的性能。每项测试程序应包含详细的有效性测试，并记录可衡量的通过/失败指标。

如果要分别测试 SIF 的传感器和/或最终元件，则应列出每个子系统的详细验证测试程序。每个传感器子系统验证测试都应有效评估从传感器的过程连接到 SIS PLC 中相关逻辑的整个子系统性能，每个最终元件子系统验证测试都应有效地评估从 SIS PLC 的关联逻辑到最终元件的过程连接的整个子系统性能。

每个验证测试都应包含制造商对设备测试的指定要求。

测试所需设备的详细清单也应记录在测试程序中。

4.18 安装和试运行

按照 IEC 61511 第 14 章的要求，所有安全仪表系统部件应按照设计和安装计划进行安装，按照现场验收测试计划进行验收，并按计划进行试运行。

4.19 SRS 文档维护

SRS 文件应在 SIS 系统全生命周期内持续维护和更新，确保 SIS 在运行阶段的持续符合性，业主应负责跟踪 SIS 直至退役。任何 SIF 的变更都应进行设计、评估和批准，确保符合 SRS 的要求。业主应负责定期更新 SRS 并进行 SIL 的符合性验证计算，间隔时间不得超过 5 年。

5 紧急停车功能概要

本站 SIS 系统主要功能是站场的紧急停车，停车级别分为 ESD、PSD 和 USD 三级。

5.1 ESD 停车

ESD 触发原因：硬手操盘 ESD 按钮、室外任一 ESD 按钮、室外工艺区确认火灾报警、工艺区确认的可燃气体泄漏和调控中心 ESD 命令。

触发结果：全站关断、井上安全阀关断、非应急电源断电、放空。

由于 ESD 功能均需人员确认后触发、火气不在 SIL 评估内，因此 ESD 停车无 SIL 等级要求，功能应满足第 4 章的基本技术要求。

5.2 PSD 停车

PSD 触发原因：硬手操盘 PSD 按钮、ESD 触发、井口汇管压力高高或低低和出站管道压力高高或低低。

触发结果：全站关断。

PSD 按钮及 ESD 触发无 SIL 等级要求，井口汇管压力高高或低低和出站管道压力高高或低低为 SIL 2 级，应满足第 4 章的基本技术要求。

5.3 USD 停车

USD 停车包括单井停井、加热炉停车，具体请见第 7 章 SIF 回路 SRS 要求信息表。

6 SIF 回路列表

本工程所有 SIF 清单见附表 A-1。

附表 A-1

SIF 名称	触发位号	描述	SIL
ESD-0001	EHS-0001	硬手操盘 ESD 按钮	无
—	—	—	—
PSD-0111	PAHH-0111 PALL-0111	井口汇管压力 PIT-0111 高高或低低报警，触发 PSD 关断	SIL 2
—	—	—	—
USD-0101	PALL-0101 PAHH-0101	1#井压力高高或低低报警，触发 USD 关断，关闭 1#井出口 SDV-0101	SIL 1
—	—	—	—

7 SIF 回路 SRS 要求表(附表 A-2、附表 A-3)

本章给出了单个 SIF 回路的 SRS 要求，表格说明如下：

(1) 部分通用要求见第 4 章；

(2) 仅对自动触发关断的 SIF 进行了 SIL 定级，手动触发停车不做评估；

(3) 阀门为最终元件，包含了电磁阀、气动执行机构和阀门本体。

附表 A-2

SIF 要求说明	
SIF 检测元件	PIT-0101
危险描述	下游管线泄漏、出口 SDV-0101 或其他手动阀门误关、压力变送器 PIT-0101 故障
结果	管道泄漏、可燃气体泄漏和潜在火灾
安全状态	SDV-0101 关
SIF 动作	PALL-0101 或 PAHH-0101 关 1#井出口 SDV-0101
测试周期	SDV-0101：3 年全行程测试，6 个月部分行程测试 PIT-0101：1 年
响应时间	60s
SIL/RRF	SIL1/RRF25
误动率	低于 1/10 年
操作模式	低需求模式
手动停车	无

续表

SIF 要求说明	
停车模式	失效关断
MTTR	8h
参考文件	HAZOP 评估报告：REP-××××-×× Rev. 0 P&ID：DWG-××××-×× Rev. 0 SIL 评估报告：REP-××××-×× Rev. 0 因果图：TAB-××××-×× Rev. 0
备注：	

附表 A-3

<table>
<tr><th colspan="3">回路设备及逻辑关联</th></tr>
<tr><th>变送器及选举结构</th><th>逻辑控制单元</th><th>执行元件及选举结构</th></tr>
<tr><td>1#井压力变送器
PIT-0101</td><td rowspan="3">冗余 SIS PLC</td><td>SDV-0101 气动球阀</td></tr>
<tr><td>线路附件</td><td>线路附件</td></tr>
<tr><td>防电涌保护器</td><td>2 只二位三通电磁阀，2oo2 结构</td></tr>
</table>

<table>
<tr><th colspan="3">过程及操作需求</th></tr>
<tr><td>正常操作量程</td><td>8.6MPa</td><td>HMI 要求</td></tr>
<tr><td>停车设定点</td><td>2.5MPa(LL)/9.5MPa(HH)</td><td rowspan="7">• 压力值和趋势显示
• 压力高高低低报警
• SDV-0101 阀位指示及报警
• 硬手操盘上 USD 公共报警 UA-0001 报警
• 诊断和报警包括：
- 阀门故障报警
- 变送器故障报警
- 电磁阀故障报警
- PLC 诊断报警</td></tr>
<tr><td>维护超驰</td><td>需要</td></tr>
<tr><td>操作超驰</td><td>不需要</td></tr>
<tr><td>操作超驰延时</td><td>N/A</td></tr>
<tr><td>维护和测试需求</td><td>在规定的验证测试间隔内遵循规定的维护程序。
承包商制定具体的测试程序</td></tr>
<tr><td>复位需求</td><td>SIS PLC 逻辑复位
SDV-0101 现场复位</td></tr>
</table>

注：其他 SIF 表格略。

附录B　安全仪表系统逻辑控制器（SIS PLC）技术规格书

1　适用范围

本技术规格书为安全仪表系统（简称 SIS—Safety Instrumented System）逻辑控制器，即 SIS PLC 专用技术规格书，是对 SIS PLC 系统及其相关附件提出的最低技术要求。该系统可 7×24h 连续运行，保证生产、环境、人员和财产安全。

2　相关文件

规范性引用文件

下列文件中的条款通过本技术规格书的引用而成为本技术规格书的条款。凡是注明日期的引用文件，其随后所有的修改单或修订版均不适用于本技术规格书；凡是不注明日期的引用文件，其最新版本适用于本技术规格书。当国内外标准、规范发生冲突时，以执行严格的标准为原则。

标准号	名　　称
GB 17859	计算机信息系统安全保护等级划分准则
GB 18802.1	低压电涌保护器（SPD） 第 1 部分：低压配电系统的电涌保护器 性能要求和试验方法
GB/T 18802.12	低压电涌保护器（SPD） 第 12 部分：低压配电系统的电涌保护器 选择和使用导则
GB/T 18802.22	低压电涌保护器 第 22 部分：电信和信号网络的电涌保护器（SPD）选择和使用导则
GB 50093	自动化仪表工程施工及验收规范
GB/T 50823	油气田及管道工程计算机控制系统设计规范
GB/T 15969.1~8	可编程序逻辑控制器
GB/T 21109.1~3	过程工业领域安全仪表系统的功能安全
SY/T 7351	油气田工程安全仪表系统设计规范
IEC 61131	Programming Industrial Automation Systems
IEC 61508	Functional safety of electrical/electronic/programmable electronic safety-related systems
IEC 61511	Functional Safety：Safety Instrumented Systems for Process Industry Sector

3　供货商要求

供货商应通过 ISO 9000 质量体系认证，有健全的质量保证体系，ISO 9000 质量证书必须在有效期内。

卖方所提供的系统设备材料及各种工程附件必须是近一年来生产的，在此之前生产的设备材料严禁使用在本工程。

供货商应能提供良好的售后服务和技术支持，供货商应有近×年来至少××套相似工程的供货业绩，具有设计、制造能力证明及提供长期技术支持的能力。供货商需提交已投产项目及设备的实际应用证明。

供货商推荐的产品应该是成熟、先进、经过证明的，在要求的操作条件下能够稳定、可靠地工作。

除非业主批准，供货商应完全依照本规格书、其他相关资料及规范标准的要求提供设备。规格书中的任何遗漏都不能作为解脱供货商责任的依据，所有改动应首先提交业主批准。

供货商可根据经验、技术和产品，推荐和提供与本技术规格书不同的方案。这些方案应用中文加以详细和完整的描述，供业主和设计方评估和决策。

4 供货范围

4.1 概述

该项目应是“交钥匙”工程，承担此项目的供货商应根据本技术规格书和其他相关的设计文件及标准规范，负责从系统设计、系统集成、编程组态、系统测试、包装运输、现场安装调试到投运、售后服务及培训的全过程工作，并对所提供系统的功能、技术、质量、进度、服务负全部责任。

附表B-1列出的是SIS承包商必须提供(不限于)的软硬件及服务，承包商应根据本规格书、P&ID图及相关文件提交详细的供货清单，最终的供货清单需要经设计方和业主确认批准。

附表 B-1 SIS 承包商必须提供的软硬件及服务

序号	名称	说明	数量
1	SIS PLC	SIS PLC 软硬件及组态	1套
2	SIS 机柜	室内 SIS 机柜、电源、配线及相关附件	1套
3	工程师站	SIS 系统工程师站软硬件	1套
4	硬手操盘	ESD 及火气硬手操盘及配线	1套
5	网络	交换机、防火墙、网线及相关附件	
6	其他	系统内部所有电源、插座、开关、按钮、指示灯、系统接线、通信线缆、接头等	
7	项目管理	项目运行计划及其执行、开工会、周月报等	
8	系统设计	根据要求完成系统的设计及文件编制	
9	软硬件组态与编程	根据要求完成系统软硬件设计、集成、组态和编程工作，确保系统及功能的完整性	
10	FAT	工厂验收测试	
11	运输	包装并运输到业主指定地点	
12	开箱检查	系统安装前开箱检查	
13	现场调试与开车		
14	SAT	系统现场测试验收	

续表

序号	名称	说明	数量
15	一年质保期	一年质保期服务及售后技术支持、服务	
16	培训	包括工厂组态培训和现场操作培训	
17	专用工具、设备		1套
18	一年运行及开车备件	10%的备件	
19	文档与厂商资料(VDRL)	所有设计文件、厂商资料、操作维护说明等	
20	QA/QC		

注：详细要求请见规格书、数据表和P&ID图。

4.2 业主或其他承包商提供的设备

以下是用于本系统由业主或其他承包商提供的设备：

- 现场仪表；
- 现场及机柜220VAC供电(柜内配线及电压转换由SIS承包商负责)；
- 电缆、光缆，电缆接线(系统内部电缆及接线、SIS内部光缆熔接由SIS承包商负责)；
- 公共广播系统；
- 系统外通信连接；
- 第三方控制设备/橇块。

4.3 工作界面

业主与供货商工作界面以机柜端子排为界，业主负责根据供货商提供的图纸完成端子排现场侧接线，端子排后的柜内接线全部由供货商负责。

业主提供的网络接线敷设到供货商指定机柜，接口形式为RJ45，柜内连接由供货商负责。

5 技术要求

5.1 SIS系统硬件基本配置

SIS系统硬件由服务器、操作员站/工程师站、打印机、网络设备、硬手操盘和操作台组成，以下是对这些硬件的最基本要求。

计算机设备应采用最新产品，在峰值应用情况下，各项负荷不能超过如下要求：

- CPU使用率：除系统或程序启动外不大于30%；
- 内存使用率：不大于50%。

5.1.1 工程师站(EWS)

SIS系统工程师站配置SIS PLC编程、仿真和诊断软件，可通过控制网或专用网络直接与SIS PLC连接，实现以下功能：

- SIS系统组态；
- SIS PLC编程、调试、下载和在线监视；
- 仿真：在不连接实际PLC的情况下，可离线进行程序仿真，方便编程调试；
- 故障诊断；

• SOE 功能：能够采集来自 SIS PLC 的 SOE 信息并统一管理。每一关断原因都需要在 SIS PLC 上打精确的发生时间标签，分辨率≤100ms。SOE 可根据关断事件发生的先后顺序进行排序，通过突出显示首报警，方便操作员知道故障发生的首要原因。首报警应显示在最前面，并以两倍频率闪烁。操作员发出首报警复位信号或关断复位后，本次 SOE 过程结束。

5.1.2 硬手操盘

5.1.2.1 硬件配置原则

硬手操盘是由钥匙开关、保护按钮、指示灯等组成，可完成最基本的 ESD、火气消防操作。硬手操盘放在操作台或机柜上，具体要求根据项目要求编写。

5.1.2.2 一般规定

• 除非特殊说明，按钮、开关、指示灯直径不应小于 $\phi22$；

• 为防止误触，所有按钮应设护盖，掀开方可操作；

• ESD/PSD 和火灾、可燃/有毒气体触发按钮为红色蘑菇头锁定按钮，拍下动作，拉起复位，相应指示灯为红色；

• 复位按钮为黑色，系统正常指示灯为绿色；

• 维护超驰和操作超驰钥匙开关为黄色，水平位置为正常，垂直位置为维护/超驰，对应指示灯为黄色，任一维护超驰/操作超驰事件发生时才点亮指示灯；

• 指示灯测试按钮为白色。

5.2 SIS PLC 硬件技术要求

5.2.1 SIS PLC 结构

安全仪表系统控制器应为至少经过 SIL X 等级认证的安全 PLC，认证应涵盖 SIS PLC 硬件、内部通信网络及编程软件。承包商投标时**必须**提供 TÜV 证书、报告和安全手册。

对要求的 SIS PLC 结构进行描述。

5.2.2 SIS PLC 硬件

5.2.2.1 概述

SIS PLC 的硬件结构应是模块化的，具有扩展性。单个部件失效，不能影响整体。

SIS PLC 系统模板应是带电可插拔型模板，且每块模板都应有自诊断功能。处理器的版本升级应采用 FLASH 方式，而不用更换处理器。SIS PLC 系统必须为硬件形式的热备冗余配置。硬件的地址分配、I/O 的量化等应采用组态的方式完成。

SIS PLC 应具有以下功能：

• 数据采集，逻辑功能，存储，控制，数学运算；

• 信道监控，自诊断，历史资料存储；

• 时间标签分辨率：≤100ms；

• 时间同步误差：≤100ms。

5.2.2.2 处理器模板

SIS PLC 处理器应以 32bit CPU 为基础。CPU 模板处理能力和内存大小由承包商根据项目具体情况推荐，但必须满足 5.2.2.4 中关于负荷和备用量的要求。

CPU 模板或 SIS PLC 的通信模板应能支持 TCP/IP 协议。

当电源掉电恢复后，处理器应不需人工干预而自动重新启动。处理器应采用硬件热备冗余配置，热备冗余处理器能够自动切换，切换时间应不大于 50ms。冗余切换应不对输入/输出造成扰动。

SIS PLC 程序下装仅对主 CPU 即可，从 CPU 可自动同步。

内存应是锂电池支持的 CMOS(存储时间不少于 6 个月)或不易失效的存储器。内存扩展应是模块化的，不需更换原设备和变动程序。

SIS PLC 应具有诊断和组态功能，可诊断 SIS PLC 模板及 I/O 的每个通道或点的故障。组态编程语言符合 IEC 61131-3 标准，并允许在线更改程序。同时 SIS SIS PLC 的组态软件还需要满足 IEC 61511 要求，且只能采用认证过的软件和模块进行编程。**本工程优先采用功能块进行 SIS PLC 编程，也可以用梯形图，其他语言禁止采用。**

承包商应提供 SIS PLC 的编程软件，SIS PLC 的组态和编程全部由承包商负责。

5.2.2.3　I/O 模板

SIS PLC 的输入模板和输出模板应有故障自诊断功能，I/O 模板与现场信号间应有必要的隔离措施，投标技术文件中应说明 I/O 卡的隔离方式。

单独通道的输入短路或开路不影响其他通道正常使用，模板本身应该有短路和开路保护功能，请注意回路上的保险丝仅可保护模板免受大电流伤害，其熔断速度和熔断电流不足以保护模板，特别是模拟量模板，投标文件中应详细描述模板特别是模拟量模板的短路和开路保护功能。

模拟量输入/输出模板应具有开路和短路的自动诊断功能，故障时报警。

输出模板应可预设故障输出值，如故障关、故障开、故障保持或故障到特定输出值。

I/O 模板应是多通道的，但单块模板通道数量应少于或等于下列要求：

- 模拟输入模板 16 通道；
- 模拟输出模板 8 通道；
- 数字量输入模板 16 通道；
- 数字量输出模板 16 通道。

I/O 模板可带电拔插，模板拔插及更换不影响程序正常运行。

SIS PLC 系统应为现场 24V DC 仪表供电，I/O 模板不能供电的，应配置供电电源和配电端子。供电采用浮地形式，现场电缆接线完毕后，24V DC 电源负端对地电阻不应小于 700kΩ。

所有为本项目提供的 I/O 模板(包括备用模板)均应在不受软件限制的条件下随时使用。

投标技术文件中必须提供 I/O 模板的接线详细技术资料和说明。

投标技术文件中必须提供 CPU 部分、I/O 模板的抗干扰能力(硬件和软件)的说明，并提供相关技术规格和资料。

投标技术文件中必须提供 CPU 部分、I/O 模板的详细技术资料和说明。

5.2.2.4　负荷和备用量的要求

SIS PLC 满负荷工作时，系统的电源、软件、CPU、内存、通信负荷和其他各种负载应具有至少 50%以上的工作裕量。

投标技术文件中应有负荷计算。可按以下缺省值进行负荷计算：

- 数据采集：I/O 点扫描周期 50ms；
- PID 控制模块的数量按 AO 点数的两倍计算，控制周期按 250ms 计算；
- SIF 回路轮询周期为 100ms。

投标技术文件中应保证：如果SAT及调试期间，SIS PLC的实际负荷不满足要求，承包商必须补充软件及硬件设备，满足负荷限制条件。

I/O模板配置必须有20%余量，I/O机架、端子必须预留20%的余量。

5.3 SIS PLC系统功能及组态

5.3.1 SIS PLC与PCS服务器、PCS PLC通信

SIS PLC与PCS服务器通过冗余控制网连接，同时SIS PLC与PCS PLC也可以通过控制网络进行无缝连接，共享数据。控制网推荐采用工业以太网，也可以采用Modbus连接，如采用Modbus连接承包商应保证数据轮询时间小于1s。承包商应提供通信接口说明和通信地址分配表，并协助PCS承包商完成通信组态。

通信链路故障不应影响SIS PLC的正常工作。

所有安全相关的输入信号和逻辑处理都必须在SIS PLC内部完成，不允许通过网络传输。SIS PLC与PCS服务器交换数据至少包括：

- 模拟量检测值和设定值；
- 模拟量输出值和设定值；
- 数字量状态；
- 维护超驰/操作超驰命令和反馈；
- 诊断和故障报警；
- 关断输出状态；
- 逻辑复位；
- 首报警标志；
- SOE记录；
- 首报警复位；
- 输入/输出强制状态。

SIS PLC向PCS PLC传送数据至少包括：

- 关断输出状态，PCS可以根据这些状态联锁关闭相应的调节阀、机泵等；
- 多值比较的SIS变送器过程值。

5.3.2 SIS PLC与工程师站通信

SIS PLC与工程师站应通过控制网连接，确保工程师站可以对SIS PLC进行组态、编程、调试、强制、仿真等操作，并可以监视、调试逻辑的执行。

注意仅可在工程师站上对I/O进行强制，在操作员显示界面上严禁对切断阀等安全设备进行开关操作！

5.3.3 报警和事件记录

SIS系统应具有报警和事件记录功能，至少应提供以下信息的报警和记录：

- 停车报警；
- 信号短路、开路、超限等诊断报警；
- 维护超驰/操作超驰报警；
- 输入/输出强制报警；
- 模板、通信等系统故障报警；
- 开关状态记录；

• 操作记录。

SIS PLC 需有通信故障容错功能，应至少可以分别缓存 100 条报警和记录，缓存区采用先进先出原则。通信恢复后可上传给 SIS，SIS 可把这些缓存数据放在相应的报警和记录中保存。

5.3.4　ESD 功能

5.3.4.1　ESD 有如下基本功能

• 基本 IO 功能，即现场 ESD 输入信号采集和输出信号的控制；
• 基本控制功能，如切断阀关断、泵急停等；
• 逻辑处理，根据 ESD 因果图完成逻辑判断和表决；
• 报警功能；
• SOE 功能，记录关断输入发生的先后顺序，可精确到毫秒，本系统要求最小时间分辨率为 100ms；
• 与 PCS PLC 通信；
• 与 PCS 服务器通信。

5.3.4.2　紧急停车级别

ESD 系统根据故障的性质分成几个不同的停车级别，高级别停车自动引发低级别停车。本系统中设有四级停车(附表 B-2)。

附表 B-2　四级停车详情

停车级别	名称	触发原因	停车结果
ESD-0	弃厂	火灾、爆炸等无法挽回的事故	关断所有紧急关断阀，打开所有紧急泄放阀，断开现场供电，延时断开 UPS 供电
ESD-1	泄压停车	火灾、可燃气体泄漏、爆管等重大事故	关断所有紧急关断阀，打开所有紧急泄放阀，断开现场供电
PSD	过程停车	影响主工艺生产的故障	工艺过程停车，关断所有紧急关断阀和转动设备
USD	单元停车	单台设备或不影响主工艺流程的单列设备故障	关断事故区域单台设备或单系列设备，关断相关紧急关断阀和转动设备

5.3.4.3　停车逻辑与组态

ESD 功能设计时应遵循两个原则：

① ESD 功能回路应按故障安全原则设计

故障安全设计，也就是“1”正常(Normal)“0”关断(Shutdown)是 ESD 系统设计的基本原则。停车控制回路正常状态应该是励磁的，即回路中的供电、模板输出(继电器)、电磁阀都应该是带电/励磁状态，带电在 ESD 逻辑中表示为“1”，对 ESD 逻辑复位(Reset)就是将输出从“0”置为“1”的过程。当 ESD 逻辑判断需要停车或回路中任何部件出现问题时，整个回路失电，被控设备返回安全状态，如 SDV 阀切断、BDV 阀打开，失电在 ESD 逻辑中被定义为“0”。

② 停车和复位均由逻辑控制

停车动作，如 SDV 阀的关闭、泵急停等，应仅由停车(Shutdown)逻辑控制；复位(Reset)，如 SDV 阀的打开、泵使能，仅由复位逻辑完成。也就是说停车操作 PLC 应根据逻辑判断自动完成，人工无法干预。切断设备，如SDV阀等不能手动控制开关，阀门关闭是因为有故障发生，打开是因为安全且已经人工确认。这样能保证在ESD系统运行完好、工艺处于安全状态时才能正常生产。

另外如果确实需要手动操作只有两个途径：一是在工程师站上进入程序后强制逻辑仿真，二是通过维护超驰和操作超驰断开停车逻辑。但此时ESD系统处于不安全状态，应尽快处理问题，争取在最短时间内返回安全状态。

5.3.4.4 复位原则

根据被控设备在工艺流程中所处位置及作用，复位要求也不同。本系统复位逻辑如下：

- 大型机泵等转动设备必须就地复位；
- 所有主流程上的ESD阀和所有BDV必须就地复位；
- 非主流程上的单元级停车，如容器液位低低停车，在液位恢复后，可自动逻辑复位。

5.3.4.5 维护超驰和操作超驰

在系统维护或开车前，会有不少停车条件需要临时超驰(Override)，超驰手段有两种，一种是维护超驰，另一种是操作超驰，其作用是用正常值取代实际输入值，暂时拆除异常或不符合启动条件的停车输入，短时间令指定的停车输入不参与逻辑(但可以正常报警)，待工艺条件具备或维护结束后，再恢复正常。

承包商负责完成维护超驰和操作超驰的程序设计和组态，本工程默认：

- 除硬手操盘的ESD/PSD、工艺区ESD按钮外，所有停车输入都需要维护超驰；
- 所有低低停车输入都需要操作超驰；
- 硬手操盘上设有维护超驰和操作超驰的总允许开关，只有总允许开关打到维护或超驰状态时操作员才能在HMI上对任一停车输入进行维护超驰或操作超驰操作；
- 停车输入维护超驰或操作超驰后仅能报警，不能触发停车；
- 维护超驰和操作超驰的总允许开关打到正常位置后，所有维护超驰或操作超驰进程都中止，ESD回到安全状态；
- 维护超驰应触发报警，如4h(时间可设置)内维护超驰未恢复，该报警需重发，提醒操作员注意，且以后每隔4h需重发一次，直到维护超驰恢复。

5.3.4.6 自动维护超驰

通过回路诊断和系统自诊断，可检测线路的开路和短路故障、仪表故障或I/O模板通道故障，检测到这些故障后系统应立即报警提醒操作员处理；同时可执行“自动维护超驰”操作，短时间隔离故障，减少不必要的停车。自动维护超驰操作应有时间限制，延时时间应不超过1h(可设置)，超出设定延时时间后，如故障不恢复或未检测到手动维护超驰，应撤消自动维护超驰，此时可能导致系统停车。

5.4 PLC系统控制机柜

本工程共需PLC机柜××台，分别位于×××××。

对PLC室内、室外机柜、柜内布线、供电、接地、防电涌保护等的技术要求根据具体项目确定。

5.5 SIS PLC系统其他要求

5.5.1 电源

- 机柜接入不同相双电源，柜内不同电源的分配电路应严格区分开；

• 盘/柜内电源电压转换由供应商负责；

• 控制器的供电和I/O供电应使用不同的冗余电源，可在不影响操作的情况下隔离、断开、拆除和更换任一故障电源；

• 需220VAC供电的现场仪表由SIS系统提供；

• 每一外部电源应配备双极隔离开关和保险丝；

• 机柜内的每一电源应配备有清晰标识的微型空气开关，空气开关后应设电源状态报警继电器，继电器常闭触点应接入PCS PLC，断路器断开后可报警，提醒操作人员检查；

• 直流电源应为浮地。

5.5.2 保险丝与隔离

• 每路进出系统的信号需通过保险丝端子，应采用与信号类型相对应的速熔端子，在过压、过流时可有效保护模板。除屏蔽外每芯线都可以断开，如一个二线制模拟量输入信号应该配两只端子(正级为保险端子、负极为刀闸开关)、三线制应配三个(电源和信号为保险端子，负极为刀闸开关)。

• SIS系统需要继电器隔离的DO信号在监控数据表中都详细标出，承包商优先采用隔离继电器型模板；如采用外置继电器，继电器应为DIN导轨安装，应具有与SIS系统相同等级的SIL认证。

• 本安仪表应配套安全栅。

5.5.3 防电涌保护器

所有进出室外的I/O信号、仪表供电回路和通信接口均需要配置防电涌保护器(简称SPD)，SPD由系统承包商提供。SPD的技术要求请见《仪表通用技术规格书》6.14。

对DO输出模板的保护特殊说明如下：

• 采用隔离型继电器模板时，每个回路均需配置SPD；

• 采用外置继电器且仅为干触点输出时，不需要配置SPD；

• 采用外置继电器且需要对外回路供电时，为保护柜内电源不受雷击影响，应在供电公共端设置SPD，且最多每8路DO输出应设一只SPD。

5.5.4 SIS PLC系统接线要求

• 卖方负责从盘柜内端子排以后的所有接线工作并提供所需的材料；

• 用户接线从端子排现场侧开始。

6 测试、验收及验证

6.1 一般要求

在合同执行期间，系统的试验、检查、调试和验收主要分为两部分：

• 工厂试验、检查、调试和验收(FAT)；

• 现场试验、检查、调试和验收(SAT)。

每一步完成之后，均应由供需双方授权的人员签字后方可生效。

系统测试中发现的任何缺陷应安全及时地修正。

承包商在投标书中应提供上述工作的详细内容、参照标准及执行计划。

6.2 工厂验收试验

根据本工程要求及相关标准规定，在出厂前应对所提供的设备和系统进行工厂验收测试

(FAT)，FAT的目的是检查整个系统是否达到合同的要求，逐个IO点及全部的系统功能必须在工厂内进行严格测试，对系统的功能、性能进行全面的试验、测试和系统联调(应模拟现场实际的通信系统设置，系统内部和外部的通信都应包括在内)，使整个系统尽可能完善，减少现场出现问题的概率和修改工作量。

硬件可用性/可靠性测试也应当在FAT阶段完成，至少应包括以下测试：

- 故障诊断；
- 容错能力；
- 故障切换；
- 故障后的冷、热启动等。

FAT应在承包商的系统集成地进行，FAT前承包商应首先进行完备的内部测试，内部测试成功后再邀请设计和客户相关人员参加FAT。FAT所需的场地、工具、费用由承包商负责。承包商应提出详细的FAT计划和FAT测试表，经业主批准后实施。

所有试验和测试项均应有书面报告，FAT完成后，供货商应提供详细的FAT报告(证书)，报告内容至少应包括：

- FAT测试程序文件；
- 内部测试报告，委托第三方进行测试的，应提供其资格证书；
- 测试表格，至少应该包括外观测试表格、软硬件检查清单和功能测试表格；
- 测试结论；
- 不合格项清单。

FAT报告双方签署后，系统才能出厂和装箱发货。

6.3 现场验收试验

系统安装完毕投入运行前须进行SAT。SAT涉及系统所有的组成部分和所有功能。承包商应提出SAT的详细计划和SAT测试表，经业主批准后实施。

SAT的目的是确保在运输、安装过程中系统未被损坏，所有的接线准确无误，系统功能和性能达到预期的要求。测试应至少包括以下内容：

- 外观及安装检查；
- 100%功能测试；
- 100%性能测试；
- I/O回路100%检查和功能测试；
- 单台设备100%测试；
- 监控程序与相关设备100%的联调；
- 与第三方设备接口100%测试。

所有试验和测试项均应有书面报告，并经双方现场负责人签署视为有效。最终形成SAT报告报业主批准。

SIS系统SAT完毕后，SIS承包商应配合进行试运行。系统的试运行应包括冷运行和热运行。SIS系统的试运应严格按照有关详细设计文档规定的条款进行。承包商应派代表全程参加试运行，并对技术负责。

系统投运正常后三个月进行最终现场验收，承包商应派代表参加。

7 技术服务及系统集成设计要求

7.1 承包商责任及服务范围

7.1.1 系统的设计、SIS 系统的组态和编程

承包商应根据招标书的技术要求及本工程的特点，结合工程经验完成整个 SIS 硬件、软件及网络详细设计。

7.1.2 系统软、硬件的采购和集成

承包商在合同生效后即可进行 SIS 系统的软、硬件采购和系统集成。除承包商本身生产的软、硬件外，其他软、硬件必须直接从合法的生产、开发商直接采购，并由承包商保证其质量。

7.1.3 系统测试和工厂验收

承包商应完成系统的测试和工厂验收测试。工厂验收测试的要求见第 6 章。

7.1.4 现场安装及技术指导

SIS 系统安装过程中，承包商应派出代表到现场进行监督和指导。SIS 系统设备安装的正确性和与其他供货商提供的机柜之间的信号连接电缆，接线工作和接线的正确性由系统集成商负责。

7.1.5 系统试运行及现场验收测试

承包商应完成系统的试运行及现场验收测试。现场验收测试的要求见第 6 章。

7.1.6 技术文件

承包商除提供 SIS 系统的全套详细设计文件(包括电子版)，详细文件需求请见第 9 章。

7.1.7 系统培训

系统培训应包括工厂培训、运行操作培训和现场培训。系统培训的课程应采用专门的培训教材和培训手册，教材所用的文字应为汉语。如授课采用外语，翻译人员应由承包商提供。承包商应在投标书中提交一份切实可行的培训计划建议书，应包括培训内容、设备、计划与费用。承包商应提供教室、培训教师、培训教材和培训用设备。

7.1.8 SIS 系统开车、保运及运行服务

SAT 后，承包商应至少派两名专业人员负责系统开车的技术支持工作。正式投运后，为进一步理解和掌握 SIS 系统有关软件、硬件系统的使用，承包商应结合实际运行情况进行为期一个月的现场保运和深化培训工作，培训对象是系统管理/维护人员和操作运行人员。

7.2 项目实施

供应商应指定项目经理负责项目的实施，并尽快组织项目开个会。开工会上各方将讨论项目实施的细节、详细进度计划和交付文件等要求，会议结束应形成开工会报告，作为今后工作的大纲文件。

项目实施后，系统承包商在标书中承诺的软硬件数量、型式及集成工作等，即被视为充分满足项目要求，不得有任何形式的数量和质量变更，否则造成的进度、质量、费用损失由承包商全部负责。

7.2.1 设计联络

供应商应在投标文件中提出设计联络的方式和方法，经双方讨论后，确定设计联络内容及时间表。供应商应在合同签订一个月内，提交详细的系统设计文件，经设计和业主批准后

实施。供应商在投标文件中应列出系统设计的内容和提交的文件清单。

买方和设计方将派工程师参加并监督整个合同的执行过程，必要时将监督软件的编程和组态工作。供货商有义务帮助他们掌握所有技术问题，不得以任何理由回避或拒绝任何技术上的帮助。

7.2.2 系统组态

系统组态前，承包商应首先提交系统功能设计和开发规格书，获业主批准后方可进行下步工作。功能设计和开发规格书应至少包括以下内容：

- 功能设计原则；
- 硬件功能设计和开发；
- 软件功能设计和开发；
- 人机界面功能设计和开发。

系统组态生成及软件调试由供货商负责，设计和用户技术人员监督。供货商负责系统开发并达到验收标准，系统组态、集成、调试和 FAT 应在 ICS 系统厂商处完成。组态内容应至少包括：

- 数据库生成 包括每一测控点的位号及说明、量程、工程单位、硬件地址、扫描周期、输入预处理、滤波常数、死区和报警限等；
- 控制回路 包括控制算法、整定常数和回路组态；
- 显示画面 包括工艺流程、回路控制、顺序控制、趋势、报警等；
- 历史数据报表；
- 与第三方设备，如现场智能仪表、橇块和其他计算机系统的通信；
- 各类订购的系统和应用软件。

为配合 SIS 系统的 SIL 验证，承包商还应提交 SIS 安全分析报告，报告大纲如下：

1. 简介；
2. 系统描述；
3. 系统拓扑结构和可靠性框图；
4. 操作描述(包括操作模式)；
5. PFD 计算公式和假设条件；
6. 元件故障率；
7. 共因失效；
8. 诊断覆盖率和安全失效分数；
9. 检测到故障时系统/元件动作；
10. 工厂测试；
11. 运行测试(包括测试程序和推荐的功能测试时间间隔)；
12. 结构约束条件；
13. 避免和控制系统失效；
14. 软件文档；
15. 结果汇总。

附录可包括认证和资质证书、测试文档、故障报告与 FMECA。

7.2.3 文件的提交和审查

承包商应根据本技术规格书、合同和其他相关的技术文档进行SIS系统的系统详细设计，并在规定的时间向设计方和业主提交详细的设计成果以供审查。详细设计获业主批准后方可实施。若需对获业主批准的事项进行修改，应报业主审批。所提供的资料和图纸应包括以下内容：

对文件的要求详见第11章。

业主有权对系统设计、选用的设备、材料和软件等提出修改及决定性的意见。业主保留对所提交的技术文件及其他数据变更的权力，承包商在项目实施过程中应充分考虑到这些因素。如果实施过程中这些改变对投标报价或工程进度造成影响的，由承包商及时向业主提出、商议解决。

8 质量保证

供货商应对其供货范围的内所有事项进行担保，确保设计、材料和制造无缺陷，完全满足本技术规格书和订单的要求。产品在现场验收(SAT)后，承包商应最少提供×个月的质量保证期。在质保期内，供方负责对业主提出的质量异议做出书面明确答复。对于非买方责任引起的质量问题或设备故障，供方应免费为买方更换设备、恢复设备正常运行，并相应延长保质期。超过保质期后发生的质量问题，也应给予及时维修和供应配件。承包商在投标文件中应提供一份售后服务保证书。在保修期间内，供方人员到买方指定地点的旅途、工作、生活所需的费用由供方负担，如需业主负担，在投标时应特殊申明并给出日费和单价。

供货商购自第三方的产品应由业主批准。

如果整套设备的全部或部分不满足担保要求，供货商应立即对设备中的缺陷进行修改、补救、改进或更换设备，直到设备满足规定的条件为止。

9 文件要求

9.1 文件基本要求

对提供文件的语言、单位、图文格式、文件数量和存储方式等的基本要求根据具体项目要求执行。

9.2 文件清单(附表B-3)

附表B-3 文件清单

序号	文件描述	投标提交文件	先期确认文件		最终确认文件		竣工文件
		要求	要求	时间/h	要求	时间/h	要求
A	**常规**						
1	文件清单和文件提交计划	√					√
2	产品选型手册	√					√
3	编程和组态手册			16		26	√
4	操作、维修手册	√					√
5	培训手册	√		16		26	√
6	投标技术文件	√					√

续表

序号	文件描述	投标提交文件	先期确认文件		最终确认文件		竣工文件
		要求	要求	时间/h	要求	时间/h	要求
7	技术偏离表	√					√
8	供货商业绩清单	√					√
9	供货商业绩证明	√					√
10	分包商资格的详细资料	√					√
11	物料清单	√					√
12	开车及一年备品备件清单	√					√
13	两年及长期备品备件清单	√					√
14	专用工具清单	√					√
15	系统功能设计和开发规格书(FDS)		√	4	√	8	√
16	通信接口详细说明和通信地址分配表		√	2	√	4	√
17	监控数据表		√	4	√	8	√
18	设备和仪表数据表		√	4	√	8	√
19	供电等公用需求清单		√	4	√	8	√
20	设备重量数据表		√	4	√	16	√
21	控制器、通信负荷及内存用量计算		√	4	√	8	√
22	SIS PLC、电源、继电器、SPD 等 PFD、MTTF、MTBF、可用性计算		√	4	√	8	√
23	带有良好注释的应用程序清单(软拷贝)		√	16	√	32	√
24	包装清单						√
25	往来文件清单及内容						√
B	**图纸**						
1	接口及外围连接图		√	4	√	8	√
2	系统/控制逻辑图		√	4	√	8	√
3	电气连接图		√	4	√	8	√
4	接地图		√	4	√	8	√
5	电缆表		√	4	√	8	√
6	设备布置图		√	2	√	4	√
7	系统结构图，包括子系统设置、通信连接		√	2	√	4	√
8	程序框图		√	8	√	16	√

续表

序号	文件描述	投标提交文件	先期确认文件		最终确认文件		竣工文件
		要求	要求	时间/h	要求	时间/h	要求
9	显示画面、弹出画面、报告和打印报表草图		√	8	√	16	√
10	详细接线图		√	12	√	24	√
11	接线端子图		√	12	√	24	√
12	仪表盘、机柜和操作台盘面及柜内布置图纸		√	4	√	8	√
13	仪表盘、机柜和操作台制造图		√	4	√	8	√
14	铭牌图		√	4	√	8	√
15	包括现场仪表的控制回路图		√	12	√	24	√
C	**证书及测试报告**						
1	SIS PLCTÜV 证书、测试报告和安全说明书	√				26	√
2	SIS 安全分析报告		√	16	√	24	√
3	制造厂标准测试报告		√	10	√	20	√
4	检查和测试计划	√	√	2	√	4	√
5	质量手册		√	16	√	24	√
6	质量计划		√	2	√	3	√
7	供货商设计、制造资质证书	√					√
8	售后服务保证	√					√
9	FAT 测试程序及表格		√	16	√	20	√
10	功能测试程序		√	16	√	20	√
11	FAT 测试报告						√
12	调试和试车程序		√	24	√	26	√
13	SAT 验收程序及表格		√	20	√	24	√
14	SAT 测试报告						√
15	交工证书		√	20	√	26	√
16	不合格项清单		√	16	√	32	√
17	软件许可证		√	10	√	26	√
18	固件版本和许可证		√	10	√	26	√

注：

- 时间栏的数字为合同生效后的周数；
- 竣工文件一般随设备到货，SAT 前如有修改，供货商应负责文件升版；
- 承包商需根据规格书要求提交详细的厂商文件清单，包括需要提交文件和文件提交计划，经业主审批通过后，根据计划提交需要的文件。

参 考 文 献

[1] 张建国，李玉明译著. 安全仪表系统工程设计与应用[M]. 2版. 北京：中国石化出版社，2017.
[2] 魏华编著. 基金会现场总线：设计、工程与维护[M]. 成都：四川科技出版社，2012.
[3] GB/T 50770. 石油化工安全仪表系统设计规范[S]. 北京：中国计划出版社，2013.
[4] IEC 61508 Functional safety of electrical/electronic/programmable electronic safety-related systems[S]. 2010.
[5] IEC 61511 Functional safety-safety instrumented systems for the process industry sector[S]. 2016.